VENUS
PHYSIQUE.

SIXIEME ÉDITION,
revue & augmentée.

Quæ legat ipſa Lycoris.
Virg. Eclog. X.

M. DCC. LI.

AVERTISSEMENT

D U

LIBRAIRE.

Voici la sixieme édition de ce livre depuis trois ans. S'il étoit besoin de quelqu'autre préjugé en sa faveur , nous citerions les critiques qu'on en a faites, quoiqu'elles ne puissent être attribuées qu'à cette espece d'Ecrivains qui dès qu'un livre fait quel-

A ij

que

que bruit dans le monde, l'attaquent d'abord, pour tirer quelque argent des Librairres, ou pour quelqu'autre intérêt plus méprisable encore.

Nous avions indiqué ces Critiques à l'Auteur de LA VENUS ; voici ce qu'il nous a répondu.

J'ai lû les critiques dont vous me parlez; si j'y avois trouvé quelque remarque raisonnable, j'en aurois profité, & en aurois remercié l'auteur : mais tout ce qu'elles contiennent se réduisant à quelques objections qui font voir beaucoup d'ignorances, à des plaisanteries pitoyables,

toyables , & à des groſſieretés indécentes , je croirois m'avilir ſi j'y repondois , & ferois trop d'honneur aux faiſeurs de tels libelles , ſi je les tirois de l'obſcurité où ils ſont.

____

ERRATA.

Pag. 18. ligne. 4. développemenr *lif.* développemens.

Pag. 27. l. 18. *effacez* des Tortues.

Pag. 39 cryſalides *lif.* chryſalides.

Pag. 41. l. 1. cer-rain, *lif.* tain.

Pag. 87. *à la note.* Heiſter, *lif.* Lyſter.

Pag. 108. *ajoûtez un ?* à la fin de *la derniere ligne.*

Pag. 153. penult. l. des noirs, *lif.* de noirs.

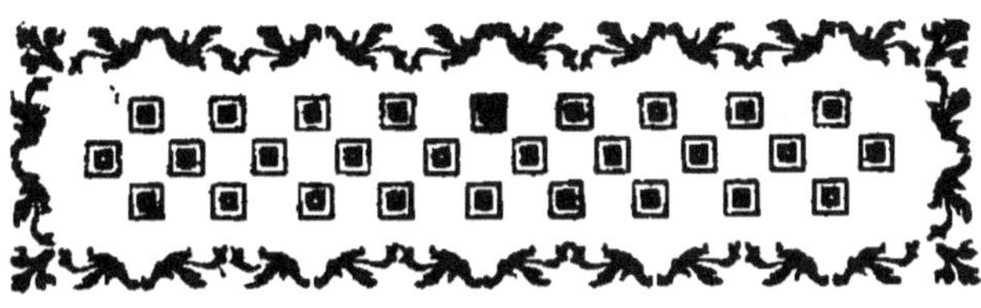

DISSERTATION

PHYSIQUE

A L'OCCASION

DU

NEGRE BLANC.

CHAPITRE PREMIER.

Expofition de cet Ouvrage.

Nous n'avons reçû que depuis
très-peu de tems , une vie que

A   nous

nous allons perdre. Placés entre deux inſtans, dont l'un nous a vû naître, l'autre nous va voir mourir, nous tâchons envain d'étendre notre être au delà de ces deux termes : nous ſerions plus ſages, ſi nous ne nous appliquions qu'à en bien remplir l'intervalle.

Ne pouvant rendre plus long le tems de notre vie, l'amour-propre & la curioſité veulent y ſuppléer, en nous appropriant les tems qui viendront lorſque nous ne ſerons plus, & ceux qui s'écouloient, lorſque nous n'étions pas encore. Vain eſpoir ! auquel ſe joint une nouvelle illuſion : nous nous imaginons que l'un de ces tems nous appartient plus

(3)

plus que l'autre. Peu curieux fur le
paffé, nous interrogeons avec avidité
ceux qui nous promettent de nous
apprendre quelque chofe de l'avenir.

Les hommes fe font plus facilement
perfuadés qu'après leur mort ils devoient comparoître au Tribunal d'un
Rhadamante, qu'ils ne croiroient
qu'avant leur naiffance, ils auroient
combattu contre Menelas au fiége
de Troye. *

Cependant l'obfcurité eft la mê-

* Pythagore fe reffouvenoit des différens
états par lefquels il avoit paffé avant que
d'être Pythagore. Il avoit été d'abord
Ætalide, puis Euphorbe bleffé par Méné-
las au fiége de Troye, Hermotime, le
Pécheur Pyrrhus, & enfin Pythagore.

mé fur l'avenir & fur le paſſé : & ſi
l'on regarde les choſes avec une tranquillité philoſophique, l'intérêt devroit être le même auſſi. Il eſt auſſi
peu raiſonnable d'être fâché de mourir trop tôt, qu'il feroit ridicule de
ſe plaindre d'être né trop tard.

Sans les lumieres de la Religion,
par rapport à notre être, ce tems
où nous n'avons pas vécu & celui où
nous ne vivrons plus, ſont deux abyſ-
mes impénétrables, & dont les plus
grands Philoſophes n'ont pas plus
percé les ténebres, que le Peuple le
plus groſſier.

Ce n'eſt donc point en Métaphy-
ſicien que je veux toucher à ces
queſtions, ce n'eſt qu'en Anato-
miſte.

miste. Je laisse à des esprits plus sublimes à vous dire, s'il peuvent, ce que c'est que votre ame, quand & comment elle est venue vous éclairer. Je tâcherai seulement de vous faire connoître l'origine de votre corps, & les différens états par lesquels vous avez passé, avant que d'être dans l'état où vous êtes. Ne vous allarmez pas si je vous dis que vous avez été un verre ou un œuf, ou une espece de boue. Mais ne croyez pas non plus tout perdu, lorsque vous perdrez cette forme que vous avez maintenant ; & que ce corps qui charme tout le monde, sera réduit en poussiere.

Neuf mois après qu'une femme

A iij * s'est

s'eſt livrée au plaiſir qui perpétue le genre-humain , elle met au jour une petite créature qui ne diffère de l'homme que par la différente proportion & la foibleſſe de ſes parties. Dans les femmes mortes avant ce terme , on trouve l'enfant enveloppé d'une double membrane, attaché par un cordon au ventre de la mere.

Plus le tems auquel l'enfant devoit naître eſt éloigné , plus ſa grandeur & ſa figure s'écartent de celle de l'homme. Sept ou huit mois avant, on découvre dans l'Embryon la figure humaine : & les meres attentives ſentent qu'il a déja quelque mouvement.

Auparavant , ce n'eſt qu'une matiere

tiere informe. La jeune époufe y fait trouver à un vieux mari des marques de fa tendreffe, & découvrir un héritier dont un accident fatal l'a privé : les parens d'une fille n'y voyent qu'un amas de fang & de lymphe qui caufoit l'état de langueur où elle étoit depuis quelque tems.

Eft-ce là le premier terme de nôtre origine ? Comment cet enfant qui fe trouve dans le fein de fa mere, s'y eft-il formé ? D'où eft-il venu ? Eft-ce là un myftere impénétrable, ou les obfervations des Phyficiens y peuvent elles répandre quelque lumiere ?

Je vais vous expliquer les différens fyftèmes qui ont partagé les

     Philofophes

Philosophes sur la maniere dont se fait la génération. Je ne dirai rien qui doive allarmer votre pudeur : mais il ne faut pas que des préjugés ridicules répandent un air d'indécence sur un sujet qui n'en comporte aucune par lui-même. La séduction, le parjure, la jalousie, ou la superstition ne doivent pas deshonorer l'action la plus importante de l'humanité, si quelquefois elles la précedent ou la suivent.

L'homme est dans une mélancholie qui lui rend tout insipide, jusqu'au moment où il trouve la personne qui doit faire son bonheur. Il la voit : tout s'embellit à ses yeux : il respire un air plus doux & plus

pur ;

pur ; la solitude l'entretient dans
l'idée de l'objet aimé ; il trouve dans
la multitude de quoi s'applaudir con-
tinuellement de son choix ; toute la
nature sert ce qu'il aime. Il sent une
nouvelle ardeur pour tout ce qu'il
entreprend : tout lui promet d'heureux succès. Celle qui l'a charmé
s'enflamme du même feu dont il brûle : elle se rend , elle se livre à ses
transports ; & l'amant heureux parcourt avec rapidité toutes les beautés qui l'ont ébloüi : il est déja parvenu à l'endroit le plus délicieux....
Ah malheureux ! qu'un couteau mor-
tel a privé de la connoissance de cet
état : le ciseau qui eût tranché le
fil de vos jours , vous eût été moins
funeste.

funeste. En vain vous habitez de vastes Palais ; vous vous promenez dans des jardins délicieux; vous possédez toutes les richesses de l'Asie ; le dernier de vos esclaves qui peut goûter ces plaisirs, est plus heureux que vous. Mais vous que la cruelle avarice de vos parens a sacrifiés au luxe des Rois, tristes ombres qui n'êtes plus que des voix , gémissez, pleurez vos malheurs , mais ne chantez jamais l'amour.

C'est cet instant marqué par tant de délices , qui donne l'être à une nouvelle créature, qui pourra comprendre les choses les plus sublimes : &, ce qui est bien au-dessus, qui pourra goûter les mêmes plaisirs.

Mais

(11)

Mais comment expliquerai - je
cette formation ? Comment décri-
rai-je ces lieux qui font la premiere
demeure de l'homme ? Comment ce
féjour enchanté va-t-il être changé
en une obſcure priſon habitée par
un Embryon informe & inſenſible ?
Comment la cauſe de tant de plaiſirs, comment l'origine d'un Etre ſi
parfait , n'eſt-elle que de la chair
& du ſang ? *

Ne terniſſons pas ces objets par
des images dégoûtantes : qu'ils de-
meurent couverts du voile qui les
cache. Qu'il ne ſoit permis d'en

* Miſeret atque etiam pudet æſtimantem
quam ſit frivola animalium ſuperbiſſimi ori-
go ! C. Plin. nat. hiſt. Lib. VII. cap. 7.

déchirer

déchirer que la membrane de l'hymen. Que la Biche vienne ici à la place d'Iphigénie. Que les femelles des animaux foient déformais les objets de nos recherches fur la génération. Cherchons dans leurs entrailles ce que nous pourrons découvrir de ce myftere ; & s'il eft néceffaire, parcourons jufqu'aux oifeaux, aux poiffons & aux infectes.

CHAPITRE II.

Syftème des Anciens fur la Génération.

AU fond d'un canal que les Anatomiftes appellent *vagin*, du mot latin

latin qui signifie Gaine , on trouve la Matrice : c'est une espece de bourse fermée au fond , mais qui présente au vagin un petit orifice qui peut s'ouvrir & se fermer , & qui ressemble assez au bec d'une Tanche , dont quelques Anatomistes lui ont donné le nom. Le fond de la bourse est tapissé d'une membrane qui forme plusieurs rides qui lui permettent de s'étendre à mesure que le fœtus s'accroît , & qui est parsemée de petits trous , par lesquels vraissemblablement sort cette liqueur que la femelle répand dans l'accouplement.

Les Anciens croyoient que le fœtus étoit formé du mélange des

liqueurs

liqueurs que chacun des fexes répand. La liqueur féminale du mâle,
dardée jufques dans la matrice,
s'y mêloit avec la liqueur féminale de la femelle : & après ce
mélange, les Anciens ne trouvoient
plus de difficulté à comprendre comment il en réfultoit un animal. Tout
étoit opéré par une *Faculté généra-
trice.*

Ariftote, comme on le peut croire, ne fut pas plus embarraffé que
les autres, fur la génération : il dif-
féra d'eux feulement en ce qu'il crut
que le principe de la génération ne
réfidoit que dans la liqueur que le
mâle répand, & que celle que répand la femelle, ne fervoit qu'à la
nutrition

nutrition & à l'accroissement du fœtus. La derniere de ces liqueurs, pour s'expliquer en ses termes, fournissoit la matiere, & l'autre la forme. *

CHAPITRE III.

Systême des Oeufs contenant le fœtus.

Pendant une longue suite de siecles, ce systême satisfit les Philosophes. Car, malgré quelques diversités sur ce que les uns prétendoient qu'une seule des deux liqueurs étoit la véritable matiere prolifique, & que

Aristot. de generat. animal. Lib. II. Cap. IV.

l'autre

l'autre ne servoit que pour la nourriture du fœtus, tous s'arrêtoient à ces deux liqueurs, & attribuoient à leur mélange, le grand ouvrage de la génération.

De nouvelles recherches dans l'Anatomie firent découvrir autour de la matrice, deux corps blanchâtres formés de plusieurs vésicules rondes, remplies d'une liqueur semblable à du blanc d'œuf. L'Analogie aussi-tôt s'en empara ; on regarda ces corps comme faisant ici le même office que les Ovaires dans les oiseaux ; & les vésicules qu'ils contenoient, comme de véritables œufs. Mais les Ovaires étant placés au dehors de la matrice, comment les œufs,

œufs , quand même ils en feroient détachés , pouvoient-ils être portés dans fa cavité ; dans laquelle , fi l'on ne veut pas que le fœtus fe forme , il eft du moins certain qu'il prend fon accroiffement ? FALLOPE apperçut deux tuyaux , dont les extrémités , flottantes dans le ventre , fe terminent par des efpeces de franges qui peuvent s'approcher de l'Ovaire , l'embraffer , recevoir l'œuf , & le conduire dans la matrice où ces tuyaux , ou ces trompes , ont leur embouchure.

Dans ce tems , la Phyfique renaif-foit , ou plutôt prenoit un nouveau tour. On vouloit tout comprendre ; & l'on croyoit le pouvoir. La forma-

tion

tion du fœtus par le mêlange de
deux liqueurs , ne satisfaisoit plus
les Physiciens. Des exemples de développement que la nature offre par-
tout à nos yeux , firent penser que
les fœtus étoient peut-être contenus ,
& déja tout formés dans chacun des
œufs ; & que ce qu'on prenoit pour
une nouvelle production , n'étoit
que le développement de leurs parties rendues sensibles par l'accroissement. Toute la fécondité retomboit
sur les femelles. Les œufs destinés à
produire des mâles , ne contenoient
chacun qu'un seul mâle. L'œuf d'où
devoit sortir une femelle , contenoit
non-seulement cette femelle , mais
la contenoit avec ses ovaires dans
lesquelles

lefquelles d'autres femelles contenues, & déja toutes formées, étoient
la fource de générations à l'infini. Car
toutes les femelles contenues ainfi
les unes dans les autres & de gran-
deurs toûjours diminuantes dans le
rapport de la premiere à fon œuf,
n'allarment que l'imagination. La
matiere divifible à l'infini, forme
auffi diftinctement dans fon œuf le
fœtus qui naîtra dans mille ans,
que celui qui doit naître dans neuf
mois. Sa petiteffe qui le cache à nos
yeux, ne le dérobe point aux lois
fuivant lefquelles le Chêne qu'on
voit dans le gland, fe développe &
couvre la terre de fes branches.

Cependant quoique tous les hom-
B ij   mes

mes soient déja formés dans les œufs de mere en mere, ils y sont sans vie. Ce ne sont que de petites statues renfermées les unes dans les autres comme ces ouvrages du Tour, où l'ouvrier s'est plu à faire admirer l'adresse de son ciseau, en formant cent boîtes qui se contenant les unes les autres, sont toutes contenues dans la derniere. Il faut, pour faire, de ces petites statues, des hommes, quelque matiere nouvelle, quelqu'esprit subtil, qui s'insinuant dans leurs membres, leur donne le mouvement, la végétation & la vie. Cet esprit séminal est fourni par le mâle, & est contenu dans cette liqueur qu'il répand avec tant de plaisir. N'est - ce pas ce feu que

les

les Poëtes ont feint que Promethée
avoit volé du ciel pour donner l'ame
à des hommes qui n'étoient auparavant que des Automates ? Et les
Dieux ne devoient-ils pas être jaloux
de ce larcin ?

Pour expliquer maintenant comment cette liqueur dardée dans le
vagin , va féconder l'œuf , l'idée la
plus commune , & celle qui se présente d'abord , est qu'elle entre jusques dans la matrice , dont la bouche
alors s'ouvre pour la recevoir ; que
de la matrice , une partie , du moins
ce qu'il y a de plus spiritueux , s'éle-
vant dans les tuyaux des trompes ,
est portée jusqu'aux ovaires que chaque trompe embrasse alors , & péne-

tre l'œuf qu'elle doit féconder.

Cette opinion quoiqu'assez vrais-semblable, est cependant sujette à plusieurs difficultés.

La liqueur versée dans le vagin, loin de paroître destinée à pénétrer plus avant, en retombe aussi-tôt, comme tout le monde sait.

On raconte plusieurs histoires de filles devenues enceintes sans l'intro-duction même de ce qui doit verser la semence du mâle dans le vagin, pour avoir seulement laissé répandre cette liqueur sur ses bords. On peut révoquer en doute ces faits que la vûe du Physicien ne peut gueres cons-tater, & sur lesquels il faudroit en croire les femmes toûjours peu sin-

ceres

ceres sur cet article.

Mais il semble qu'il y ait des preuves plus fortes, qu'il n'est pas nécessaire que la semence du mâle entre dans la matrice pour rendre la femme féconde. Dans les matrices de femelles de plusieurs animaux, disséquées après l'accouplement, on n'a point trouvé de cette liqueur.

On ne sauroit cependant nier qu'elle n'y entre quelquefois. Un fameux Anatomiste * en a trouvé en abondance dans la matrice d'une Genisse qui venoit de recevoir le Taureau. Et quoiqu'il y ait peu de ces exemples, un seul cas où l'on a trouvé la semence dans la matrice,

* VERHEYEN.

prouve

prouve mieux qu'elle y entre, que la multitude des cas où l'on n'y en a point trouvé, ne prouve qu'elle n'y entre pas.

Ceux qui prétendent que la femence n'entre pas dans la matrice, croyent que verfée dans le vagin, ou feulement répandue fur fes bords, elle s'infinue dans les vaiffeaux dont les petites bouches la reçoivent & la répandent dans les veines de la femelle. Elle eft bientôt mêlée dans toute la maffe du fang ; elle y excite tous les ravages qui tourmentent les femmes nouvellement enceintes : mais enfin la circulation du fang la porte jufqu'à l'ovaire, & l'œuf n'eft rendu fécond qu'après que tout le

fang

ſang de la femelle a été , pour ainſi dire , fécondé.

De quelque maniere que l'œuf ſoit fécondé ; ſoit que la ſemence du mâle , portée immédiatement juſqu'à lui , le pénetre ; ſoit que délayée dans la maſſe du ſang , elle n'y parvienne que par les routes de la circulation : cette ſemence , ou cet eſprit ſéminal mettant en mouvement les parties du petit fœtus qui ſont déja toutes formées dans l'œuf , les diſpoſe à ſe développer. L'œuf juſques-là fixement attaché à l'ovaire , s'en détache ; il tombe dans la cavité de la trompe , dont l'extrémité appellée le pavillon , embraſſe alors l'ovaire pour le recevoir. L'œuf parcourt ,

court, soit par sa seule pesanteur, soit plus vraisemblablement par quelque mouvement periftaltique de la trompe, toute la longueur du canal qui le conduit enfin dans la matrice. Semblable aux graines des plantes ou des arbres, lorsqu'elles font reçûes dans une terre propre à les faire végéter, l'œuf pouffe des racines, qui pénétrant jusques dans la fubftance de la matrice, forment une maffe qui lui eft intimement atta-chée, appellée le *Placenta*. Au-deffus, elles ne forment plus qu'un long cordon, qui allant aboutir au nombril du fœtus, lui porte les fucs deftinés à fon accroiffement. Il vit ainfi du fang de fa mere, jufqu'à

ce

ce que n'ayant plus befoin de cette communication , les vaiffeaux qui attachent le placenta à la matrice fe deffechent , s'obliterent , & s'en féparent.

L'enfant alors plus fort & prêt à paroître au jour , déchire la double membrane dans laquelle il étoit enveloppé , comme on voit le poulet parvenu au terme de fa naiffance , brifer la coquille de l'œuf qui le tenoit renfermé. Qu'une efpece de dureté qui eft dans la coquille des œufs des oifeaux , n'empêche pas de comparer à leurs œufs , l'enfant renfermé dans fon enveloppe. Les œufs de plufieurs animaux , des tortues , des ferpens , des lézards , & des

C ij

poiffons

poiſſons n'ont point cette dureté ,
& ne ſont recouverts que d'une
enveloppe molaſſe & flexible.

Quelques animaux confirment
cette analogie , & rapprochent encore la génération des animaux
qu'on appelle *Vivipares* de celle des
Ovipares. On trouve dans le corps
de leurs femelles , en même tems
des œufs inconteſtables , & des petits déja débarraſſés de leur enveloppe *. Les œufs de pluſieurs animaux n'écloſent que long-tems après
qu'ils ſont ſortis du corps de la femelle : les œufs de pluſieurs autres
écloſent auparavant. La nature ne

* Mem. de l'Académie des Sciences ,
an, 1727. p. 32.

ſemble

femble - t - elle pas annoncer par-là
qu'il y a des efpeces où l'œuf n'éclôt
qu'en fortant du corps de la mere ;
mais que toutes ces générations re-
viennent au même ?

CHAPITRE IV.

Syſtème des Animaux ſpermatiques.

LE s Phyficiens & les Anatomiftes
qui en fait de fyftème, font toûjours faciles à contenter, étoient
contens de celui-ci : ils croyoient,
comme s'ils l'avoient vû, le petit
fœtus formé dans l'œuf de la femelle , avant aucune opération du
C iij   mâle ;

mâle : mais ce que l'imagination voyoit ainſi dans l'œuf, les yeux l'apperçûrent ailleurs. Un jeune Phyſicien * s'aviſa d'examiner au microſcope, cette liqueur qui n'eſt pas d'ordinaire l'objet des yeux attentifs & tranquilles. Mais quel ſpectacle merveilleux, lorſqu'il y découvrit des animaux vivans ! Une goutte étoit un ocean où nageoit une multitude innombrable de petits poiſſons dans mille directions différentes.

Il mit au même microſcope des liqueurs ſemblables ſorties de difſérens animaux, & toûjours même merveille : foule d'animaux vivans

* HARTSOIKER.

de

de figures feulement différentes. On
chercha dans le fang & dans toutes
les autres liqueurs du corps , quelque chofe de femblable : mais on
n'y découvrit rien , quelle que fût
la force du microfcope ; toûjours
des mers défertes dans lefquelles
on n'appercevoit pas le moindre figne
de vie.

On ne peut gueres s'empêcher de
penfer que ces animaux découverts
dans la liqueur féminale du mâle ,
étoient ceux qui devoient un jour
le reproduire : car malgré leur petiteffe infinie & leur forme de
poiffons , le changement de grandeur & de figure coûte peu à concevoir au Phyficien , & ne coûte

C iv   pas

pas plus à exécuter à la nature.
Mille exemples de l'un & de l'autre font fous nos yeux , d'animaux
dont le dernier accroiſſement ne
ſemble avoir aucune proportion
avec leur état au tems de leur
naiſſance , & dont les figures ſe
perdent totalement dans des figures
nouvelles. Qui pourroit reconnoître le même animal , ſi l'on n'avoit
ſuivi bien attentivement le petit
ver , & le hanneton fous la forme
duquel il paroît enſuite ? Et qui
croiroit que la plûpart de ces mouches parées des plus ſuperbes couleurs , euſſent été auparavant de petits inſectes rampans dans la boue ,
ou nageans dans les eaux ?

Voilà

(33)

Voilà donc toute la fécondité
qui avoit été attribuée aux femelles, rendue aux mâles. Ce petit ver
qui nage dans la liqueur féminale ,
contient une infinité de générations
de pere en pere. Il a fa liqueur féminale dans laquelle nagent des
animaux d'autant plus petits que
lui , qu'il eft plus petit que le pere
dont il eft forti : & il en eft ainfi
de chacun de ceux - là à l'infini.
Mais quel prodige , fi l'on confidere
le nombre & la petiteffe de ces
animaux ! Un homme qui a ébau-
ché fur cela un calcul , trouve dans
la liqueur féminale d'un brochet,
dès la premiere génération , plus
de brochets qu'il n'y auroit d'hommes

mes fur la terre, quand elle feroit par-tout auffi habitée que la Hollande.

Mais fi l'on confidere les générations fuivantes, quel abyfme de nombre & de petiteffe ! D'une génération à l'autre, les corps de ces animaux diminuent dans la proportion de la grandeur d'un homme à celle de cet atome qu'on ne découvre qu'au meilleur microfcope ; leur nombre augmente dans la proportion de l'unité, au nombre prodigieux d'animaux répandus dans cette liqueur.

Richeffe immenfe, fécondité fans bornes de la nature ! n'êtes-vous pas ici une prodigalité ? Et ne peut-on pas vous reprocher trop d'appareil & de dépenfe ? De cette multitude prodigieufe de petits animaux qui nagent dans la liqueur féminale, un feul parvient à l'humanité : rarement la femme la mieux enceinte met deux enfans au jour, prefque jamais trois. Et quoique les femelles des autres animaux, en portent un plus grand nombre, ce nombre n'eft prefque rien en comparaifon de la multitude des animaux qui nageoient dans la liqueur que le mâle a répandue. Quelle deftruction, quelle inutilité paroît ici !

Sans difcuter lequel fait le plus d'honneur à la nature, d'une œconomie

nomie précise, ou d'une profusion superflue ; question qui demanderoit qu'on connût mieux ses vûes, ou plutôt les vûes de celui qui la gouverne ; nous avons sous nos yeux des exemples d'une pareille conduite, dans la production des arbres & des plantes. Combien de milliers de glands tombent d'un chêne, se dessechent ou pourrissent, pour un très-petit nombre qui germera & produira un arbre ! Mais ne voit-on pas par-là même, que ce grand nombre de glands n'étoit pas inutile ; puisque si celui qui a germé n'y eut pas été, il n'y auroit eu aucune production nouvelle, aucune génération ?

C'est

C'eſt ſur cette multitude d'animaux ſuperflus , qu'un Phyſicien
chaſte & religieux * a fait un grand
nombre d'expériences , dont aucune
à ce qu'il nous aſſûre , n'a jamais
été faite aux dépens de ſa famille.
Ces animaux ont une queue , &
ſont d'une figure aſſez ſemblable à
celle qu'a la grenouille en naiſſant ,
lorſqu'elle eſt encore ſous la forme
de ce petit poiſſon noir appellé
Têtard dont les eaux fourmillent
au printems. On les voit d'abord
dans un grand mouvement : mais
il ſe rallentit bientôt ; & la liqueur
dans laquelle ils nagent , ſe réfroi-
diſſant , ou s'évaporant , ils périſ-

* LEWENOEK.

ſent.

(38)

sent. Il en périt bien d'autres dans les lieux mêmes où ils sont déposés. Ils se perdent dans ces labyrintes. Mais celui qui est destiné à devenir un homme, quelle route prend-il ? Comment se métamorphose-t-il en fœtus ?

Quelques lieux imperceptibles de la membrane intérieure de la matrice, seront les seuls propres à recevoir le petit animal, & à lui procurer les sucs nécessaires pour son accroissement. Ces lieux dans la matrice de la femme seront plus rares que dans les matrices des animaux qui portent plusieurs petits. Le seul animal ou les seuls animaux spermatiques qui rencontreront

treront quelqu'un de ces lieux , s'y fixeront , s'y attacheront par des filets qui formeront le *placen-ta* , & qui l'uniſſant au corps de la mere , lui portent la nourriture dont il a beſoin : les autres péri-ront comme les grains ſemés dans une terre aride. Car la matrice eſt d'une étendue immenſe pour ces animalcules. Pluſieurs milliers pé-riſſent ſans pouvoir trouver aucun de ces lieux ou de ces petites foſſes deſtinées à les recevoir.

La membrane dans laquelle le fœtus ſe trouve , ſera ſemblable à une de ces enveloppes qui tiennent différentes ſortes d'inſectes ſous la forme de *Cryſalides* , dans le paſſage

ſage d'une forme à une autre.

Pour comprendre les change-mens qui peuvent arriver au petit animal renfermé dans la matrice, nous pouvons le comparer à d'au-tres animaux qui éprouvent d'auſſi grands changemens, & dont ces changemens ſe paſſent ſous nos yeux. Si ces métamorphoſes méri-tent encore notre admiration, elles ne doivent plus du moins nous cau-ſer de ſurpriſe.

Le Papillon, & pluſieurs eſpeces d'animaux pareils, ſont d'abord une eſpece de ver : l'un vit des feuilles des plantes, l'autre caché ſous terre, en ronge les racines. Après qu'il eſt parvenu à un cer-

tain

rain accroiſſement ſous cette forme-, il en prend une nouvelle ; il paroît ſous une enveloppe qui reſſerrant & cachant les différentes parties de ſou corps, le tient dans un état ſi peu ſemblable à celui d'un animal , que ceux qui élevent des vers à ſoie , l'appellent *Féve* ; les Naturaliſtes l'appellent *Chryſalide* à cauſe de quelques taches dorées dont il eſt quelquefois parſemé. Il eſt alors dans une immobilité parfaite ; dans une létargie profonde qui tient toutes les fonctions de ſa vie ſuſpendues. Mais dès que le terme où il doit revivre, eſt venu, il déchire la membrane qui le tenoit enveloppé ; il étend ſes membres, déploie ſes ailes, & fait voir un **papillon** ou quelqu'autre animal femblable.

Quelques-uns de ces animaux, ceux qui font fi redoutables aux jeunes beautés qui fe promenent dans les bois, & ceux qu'on voit voltiger fur le bord des ruiffeaux avec de longues ailes, ont été auparavant de petits poiffons; ils ont paffé la premiere partie de leur vie dans les eaux; & ils n'en fortent que lorfqu'ils font parvenus à leur derniere forme.

Toutes ces formes que quelques Phyficiens malhabiles, ont prifes pour de véritables métamorphofes, ne font cependant que des changemens de peau. Le papillon étoit

tout

tout formé, & tel qu'on le voit voler dans nos jardins, fous le dé-guifement de la chenille.

Peut-on comparer le petit animal qui nage dans la liqueur fémi-nale, à la chenille, ou au ver? Le fœtus dans le ventre de la mere, enveloppé de fa double membrane, eft-il une efpece de chryfalide? Et en fort-il comme l'infecte, pour paroître fous fa derniere forme?

Depuis la chenille jufqu'au papillon; depuis le ver fpermatique jufqu'à l'homme, il femble qu'il y ait quelqu'analogie. Mais le premier état du papillon n'étoit pas celui de chenille: la chenille étoit déja fortie d'un œuf, & cet œuf n'étoit

peut-

(44)

peut-être déja lui-même qu'une efpece de chryfalide. Si l'on vouloit
donc pouffer cette analogie en re-
montant , il faudroit que le petit
animal fpermatique fut déja forti
d'un œuf : mais quel œuf ! De
quelle petiteffe devroit - il être ?
Quoi qu'il en foit, ce n'eft ni le
grand ni le petit qui doit ici caufer
de l'embarras.

CHAPITRE V.

*Syftème mixte des Oeufs , & des
Animaux fpermatiques.*

LA plûpart des Anatomiftes ont
embraffé un autre fyftème , qui tient

de.

des deux fyftèmes précédens , & qui
allie les animaux fpermatiques avec
les œufs. Voici comment ils expli-
quent la chofe.

Tout le principe de vie réfi-
dant dans le petit animal , l'homme entier y étant contenu , l'œuf
eft encore néceffaire : c'eft une
maffe de matiere propre à lui four-
nir fa nourriture & fon accroiffement. Dans cette foule d'animaux dépofés dans le vagin , ou
lancés d'abord dans la matrice , un
plus heureux , ou plus à plaindre
que les autres , nageant , rampant
dans les fluides dont toutes ces parties font mouillées , parvient à l'embouchure de la trompe , qui le conduit

duit jufqu'à l'ovaire. Là , trouvant
un œuf propre à le recevoir , & à
le nourrir , il le perce , il s'y loge ,
& y reçoit les premiers degrés de
fon accroiffement. C'eft ainfi qu'on
voit différentes fortes d'infectes
s'infinuer dans les fruits dont ils
fe nourriffent. L'œuf piqué fe détache de l'ovaire , tombe par la
trompe dans la matrice , où le petit
animal s'attache par les vaiffeaux
qui forment le placenta.

CHAP.

CHAPITRE VI.

Obſervations favorables & contraires aux Oeufs.

ON trouve dans les Mémoires de l'Académie Royale des Sciences , * des obſervations qui paroiſſent très-favorables au ſyſtème des œufs ; ſoit qu'on les conſidere comme contenant le fœtus , avant même la fécondation ; ſoit comme deſtinés à ſervir d'aliment & de premier aſyle au fœtus.

La deſcription que M. Littre nous donne d'un ovaire qu'il diſſé-

* Année 1701. p. 109.

qua ,

qua , mérite beaucoup d'attention.
Il trouva un œuf dans la trompe ;
il obferva une cicatrice fur la furface de l'ovaire qu'il prétend avoir été
faite par la fortie d'un œuf. Maís
rien de tout cela n'eft fi remarquable que le fœtus qu'il prétend avoir
pu diftinguer dans un œuf encore
attaché à l'ovaire.

Si cette obfervation étoit bien
fûre , elle prouveroit beaucoup pour
les œufs. Mais l'hiftoire même de
l'Académie de la même année , la
rend fufpecte , & lui oppofe avec
équité des obfervations de M. Mery
qui lui font perdre beaucoup de fa
force.

Celui - ci pour une cicatrice que
M.

M. Littre avoit trouvée fur la furface de l'ovaire, en trouva un fi
grand nombre fur l'ovaire d'une femme, que fi on les avoit regardées
comme caufées par la fortie des
œufs, elles auroient fuppofé une
fécondité inoüie. Mais, ce qui eft
bien plus fort contre les œufs, il
trouva dans l'épaiffeur même de la
matrice, uue véficule toute pareille
à celles qu'on prend pour des œufs.

Quelques obfervations de M.
Littre, & d'autres Anatomiftes, qui
ont trouvé quelquefois des fœtus
dans les trompes, ne prouvent rien
pour les fœtus : le fœtus, de quelque maniere qu'il foit formé, doit
fe trouver dans la cavité de la ma-
E trice ;

trice ; & les trompes ne font qu'une partie de cette cavité.

M. Mery n'eft pas le feul Anatomifte qui ait eu des doutes fur les œufs de la femme , & des autres animaux vivipares ; plufieurs Phyficiens les regardent comme une chimere. Ils ne veulent point reconnoître pour de véritables œufs , ces véficules dont eft formée la maffe que les autres prennent pour un ovaire. Ces œufs qu'on a trouvés quelquefois dans les trompes , & même dans la matrice, ne font, à ce qu'ils prétendent , que des efpeces d'hydatides.

Des expériences devroient avoir décidé cette queftion , fi en Phyfique

(51)

que il y avoit jamais rien de décidé.
Un Anatomiste qui a fait beaucoup d'obſervations ſur les femelles des lapins , GRAAF qui les a
diſſéquées après pluſieurs intervalles
de tems écoulés depuis qu'elles
avoient reçu le mâle , prétend avoir
trouvé au bout de vingt - quatre
heures des changemens dans l'o-
vaire ; après un intervalle plus long ,
avoir trouvé les œufs plus altérés ; quelque tems après , des
œufs dans la trompe ; dans les femelles diſſéquées un peu plus tard ,
des œufs dans la matrice. Enfin
il prétend qu'il a toûjours trouvé ,
aux ovaires , les veſtiges d'autant
d'œufs détachés , qu'il en trouvoit

E ij   dans

dans les trompes ou dans la matrice. *

. Mais un autre Anatomiste aussi exact, & tout au moins aussi fidele, quoique prévenu du système des œufs, & même des œufs prolifiques, contenans déja le fœtus avant la fécondation ; VERHEYEN a voulu faire les mêmes expériences, & ne leur a point trouvé le même succès. Il a vû des altérations ou des cicatrices à l'ovaire : mais il s'est trompé lorsqu'il a voulu juger par elles, du nombre des fœtus qui étoient dans la matrice.

* REGNERUS DE GRAAF de mulierum organis.

CHAP.

CHAPITRE VII.

Expériences de HARVEY.

TOus ces fyftèmes fi brillans, & même fi vraiffemblables que nous venons d'expofer, paroiffent détruits par des obfervations qui avoient été faites auparavant, & auxquelles il femble qu'on ne fauroit donner trop de poids : ce font celles de ce grand homme à qui l'anatomie devroit plus qu'à tous les autres par fa feule découverte de la circulation du fang.

Charles I. Roi d'Angleterre, dont

 il

il étoit le Médecin, pour le mettre à portée de découvrir le myftere de la génération, lui abandonna toutes les Biches & les Daines de fes Parcs. HARVEY en fit un maffacre favant : mais fes expériences nous ont-elles donné quelque lumiere fur la génération ? Ou n'ont-elles pas plutôt répandu fur cette matiere des ténebres plus épaiffes?

HARVEY immolant tous les jours au progrès de la Phyfique, quelque Biche dans le tems où elles reçoivent le mâle ; difféquant leurs matrices, & examinant tout avec les yeux les plus attentifs, n'y trouva rien qui reffemblât à ce que GRAAF prétend avoir obfervé, ni avec

quoi

quoi les fyftèmes dont nous venons de parler, paroiffent pouvoir s'accorder.

Jamais il ne trouva dans la matrice, de liqueur féminale du mâle ; jamais d'œuf dans les trompes ; jamais d'altération au prétendu ovaire, qu'il appelle, comme plufieurs autres Anatomiftes, le *Tefticule* de la femelle.

Les premiers changemens qu'il apperçut dans les organes de la génération, furent à la matrice : il trouva cette partie enflée & plus molle qu'à l'ordinaire. Dans les quadrupedes elle paroît double ; quoiqu'elle n'ait qu'une feule cavité, fon fond forme comme deux

E iv   réduits

réduits que les Anatomiftes appellent fes *Cornes* , dans lefquelles fe trouvent les fœtus. Ce furent ces endroits principalement qui parurent les plus altérés. H A R V E Y y obferva plufieurs excroiffances fpongieufes qu'il compare aux bouts des tétons des femmes. Il en coupa quelques - unes qu'il trouva parfemées de petits points blancs enduits d'une matiere vifqueufe. Le fond de la matrice qui formoit leurs parois , étoit gonflé & tuméfié comme les levres des enfans, lorfqu'elles ont été piquées par des abeilles , & tellement molaffe qu'il paroiffoit d'une confiftence femblable à celle du cerveau. Pendant les

deux

deux mois de Septembre & d'Octobre , rems auquel les Biches reçoivent le Cerf tous les jours , & par des expériences de pluſieurs années , voilà tout ce que H A R V E Y découvrit , ſans jamais appercevoir dans toutes ces matrices , une ſeule goutte de liqueur ſéminale. Car il prétend s'être aſſûré qu'une matiere purulente qu'il trouva dans la matrice de quelque Biche , ſéparée du Cerf depuis vingt jours , n'en étoit point.

Ceux à qui il fit part de ſes obſervations , prétendirent , & peut-être le craignit-il lui-même , que les Biches qu'il diſſéquoit , n'avoient pas été couvertes. Pour les convaincre ,

ou

ou s'en aſſûrer, il en ſépara douze du commerce des mâles après le Rut, & les fit renfermer dans un parc particulier. Il diſſéqua quelques-unes de celles-là, dans leſquelles il ne trouva pas plus de veſtiges de la ſemence du mâle, qu'auparavant ; les autres porterent des Faons. De toutes ces expériences, & de pluſieurs autres faites ſur des femelles de lapins, de chiens, & autres animaux, HARVEY conclut que la ſemence du mâle ne ſéjourne ni même n'entre dans la matrice.

Au mois de Novembre, la tumeur de la matrice étoit diminuée, les caroncules fongueuſes devenues flaſques. Mais ce qui fut un nouveau spectacle,

spectacle , des filets déliés étendus d'une corne à l'autre de la matrice , formoient une espece de réseau semblable aux toiles d'araignée ; & s'insinuant entre les rides de la membrane interne de la matrice , ils s'entrelassoient autour des caroncules à peu près comme on voit la *Pie-mere* suivre & embrasser les contours du cerveau.

Ce réseau forma bientôt une poche , dont les dehors étoient enduits d'une matiere fœtide : le dedans lisse & poli contenoir une liqueur semblable au blanc d'œuf , dans laquelle nageoit une autre enveloppe sphérique remplie d'une liqueur plus claire & crystalline. Ce fut dans cette liqueur qu'on apperçut un nouveau prodige. Ce ne fut point un animal tout organifé comme on le devroit attendre des fyftèmes précédens : ce fut le principe d'un animal ; *un Point vivant* * avant qu'aucune des autres parties fuffent formées. On le voit dans la liqueur cryftalline fauter & battre tirant fon accroiffement d'une veine qui fe perd dans la li- queur où il nage ; il battoit encore , lorfqu'expofé aux rayons du foleil , HARVEY le fit voir au Roi.

Les parties du corps viennent bientôt s'y joindre ; mais en différent ordre , & en différens tems. Ce n'eft d'abord qu'un mucilage divifé

* Punctum faliens.

en deux petites maſſes, dont l'une
forme la tête, l'autre le tronc. Vers
la fin de Novembre le fœtus eſt formé ; & tout cet admirable ouvrage ,
lorſqu'il paroît une fois commencé ,
s'acheve fort promptement. Huit
jours après la premiere apparence du
Point vivant, l'animal eſt tellement
avancé , qu'on peut diſtinguer ſon
ſexe. Mais encore un coup cet ouvrage ne ſe fait que par parties :
celles du dedans ſont formées avant
celles du dehors ; les viſceres & les
inteſtins ſont formés avant que d'ê-
tre couverts du *Thorax* & de l'*Abdomen* ; & ces dernieres parties deſtinées à mettre les autres à couvert ,
ne paroiſſent ajoûtées que comme
un toit à l'édifice.   Juſqu'ici

Jufqu'ici l'on n'obferve aucune adhérence du fœtus au corps de la mere. La membrane qui contient la liqueur cryftalline dans laquelle il nage, que les Anatomiftes appellent l'*Amnios*, nage elle-même dans la liqueur que contient le *Chorion* qui eft cette poche que nous avons vûe fe former d'abord ; & le tout eft dans la matrice, fans aucune adhérence.

Au commencement de Décembre, on découvre l'ufage des caroncules fpongieufes dont nous avons parlé, qu'on obferve à la furface interne de la matrice, & que nous avons comparées aux bouts des mamelles des femmes. Ces caroncules ne font encore collées contre

l'enveloppe

l'enveloppe du fœtus que par le mucilage dont elles font-remplies : mais
elles s'y uniffent bientôt plus intimement en recevant les vaiffeaux
que le fœtus pouffe , & fervent de
bafe au Placenta.

Tout le refte n'eft plus que différens dégrés d'accroiffement que le
fœtus reçoit chaque jour. Enfin le
terme où il doit naître , étant venu ,
il rompt les membranes dans lefquelles il étoit enveloppé : le Placenta fe détache de la matrice ; &
l'animal fortant du corps de la
mere , paroît au jour. Les femelles
des animaux mâchant elles-mêmes
le cordon des vaiffeaux qui atta-
choient le fœtus au Placenta , dé-
truifent

truifent une communication devenue inutile ; les Sages-femmes font
une ligature à ce cordon , & le
coupent.

Voilà quelles furent les obfervations de HARVEY. Elles paroiffent
fi peu compatibles avec le fyftème
des œufs & celui des animaux fpermatiques , que fi je les avois rap-
portées avant que d'expofer ces
fyftèmes , j'aürois craint qu'elles ne
prévinffent trop contr'eux , & n'em-
pêchaffent de les écouter avec affez
d'attention.

Au lieu de voir croître l'animal
par l'*Intus-fufception* d'une nouvelle
matiere , comme il devroit arriver
s'il étoit formé dans l'œuf de la femelle ,

melle , ou fi c'étoit le petit ver qui
nage dans la femence du mâle , ici
c'eft un animal qui fe forme par la
Juxta-pofition de nouvelles parties.
HARVEY voit d'abord fe former le
fac qui le doit contenir : & ce fac ,
au lieu d'être la membrane d'un
œuf qui fe dilateroit , fe fait fous
fes yeux , comme une toile dont il
obferve les progrès. Ce ne font
d'abord que des filets tendus d'un
bout à l'autre de la matrice ; ces
filets fe multiplient , fe ferrent , &
forment enfin une veritable membrane. La formation de ce fac eft
une merveille qui doit accoûtumer
aux autres.

    HARVEY ne parle point de la

formation du fac intérieur dont , fans doute , il n'a pas été témoin : mais il a vû l'animal qui y nage , fe former. Ce n'eft d'abord qu'un point ; mais un point qui a la vie , & autour duquel toutes les autres parties venant s'arranger forment bientôt un animal. *

CHAPITRE VIII.

Sentiment de HARVEY *fur la Génération.*

Toutes ces expériences fi oppo-fées aux fyftèmes des œufs, & des

* GUILLELM. HARVEY. *De Cervarum & Damarum coïtu.* Exercit. LXVI.

animaux

animaux fpermatiques , parurent à
HARVEY détruire le fyftème du
mêlange des deux femences ; parce
que ces liqueurs ne fe trouvoient
point dans la matrice. Ce grand
homme défefpérant de donner une
explication claire & diftincte de la
génération , eft réduit à s'en tirer
par des comparaifons : il dit que la
femelle eft rendue féconde par le
mâle , comme le fer , après qu'il a été
touché par l'aimant , acquiert la vertu
magnétique , il fait fur cette impré-
gnation , une differtation plus Scho-
laftique que Phyfique ; & finit par
comparer la matrice fécondée , au
cerveau , dont elle imite alors la
fubftance. *L'une conçoit le fœtus ,*
F ij   *comme*

comme *l'autre les idées qui s'y for-*
ment ; explication étrange qui doit
bien humilier ceux qui veulent pénétrer les secrets de la nature !

C'est presque toûjours à de pareils
résultats que les recherches les plus
approfondies conduisent. On se fait
un système satisfaisant , pendant
qu'on ignore les circonstances du
phénomene qu'on veut expliquer :
dès qu'on les découvre , on voit
l'insuffisance des raisons qu'on don-
noit , & le système s'évanoüit. Si
nous croyons savoir quelque chose ,
ce n'est que parce que nous som-
mes fort ignorans.

Notre esprit ne paroît destiné
qu'à raisonner sur les choses que

nos

nos fens découvrent. Les microf-
copes & les lunetes nous ont , pour
ainfi dire , donné de nouveaux fens
au-deffus de notre portée ; tels qu'ils
appartiendroient à des intelligences
fupérieures , & qui mettent fans
ceffe la nôtre en défaut.

CHAPITRE IX.

Tentatives pour accorder les obfer-
vations avec le fyftème des Oeufs.

M Ais feroit-il permis d'altérer un
peu les obfervations de HARVEY ?
Pourroit - on les interpréter d'une
maniere qui les rapprochât du fyftème des œufs, ou des vers fpermatiques ?

matiques ? Pourroit - on suppofer que quelque fait eût échappé à ce grand homme ? Ce feroit, par exemple , qu'un œuf détaché de l'ovaire , fût tombé dans la matrice , dans le tems que la premiere enveloppe fe forme , & s'y fût renfermé ; que la feconde enveloppe ne fût que la membrane propre de cet œuf dans lequel feroit renfermé le petit fœtus , foit que l'œuf le contînt avant même la fécondation , comme le prétendent ceux qui croyent les œufs prolifiques , foit que le petit fœtus y fût entré fous la forme de ver. Pourroit-on croire enfin que HARVEY fe fût trompé dans tout ce qu'il nous raconte de

la

~~la formation du fœtus~~ ; que des membres déja tout formés , lui euſ-ſent échappé à cauſe de leur mol-leſſe , & de leur tranſparence , & qu'il les eût pris pour des parties nouvellement ajoûtées , lorſqu'ils ne faiſoient que devenir plus ſenſi-bles par un accroiſſement ? La pre-miere enveloppe , cette poché que HARVEY vit ſe former de la ma-niere qu'il le raconte , ſeroit encore fort embarraſſante ; ſon organiſation primitive auroit-elle échappé à l'A-natomiſte , ou ſe ſeroit-elle formée de la ſeule matiere viſqueuſe qui ſort des mammelons de la matrice , comme les peaux qui ſe forment ſur le lait ?

CHAP.

CHAPITRE X.

Tentatives pour accorder ces Obſer-
vations avec le ſyſtème des Ani-
maux ſpermatiques.

SI l'on vouloit rapprocher les obſervations de HARVEY du ſyſtème
des petits vers ; quand même, comme
il le prétend, la liqueur qui les porte, ne ſeroit pas entrée dans la matrice, il ſeroit aſſez facile à quelqu'un d'eux de s'y être introduit ,
puiſque ſon orifice s'ouvre dans le
vagin. Pourroit-on maintenant pro-
poſer une conjecture qui pourra paroître trop hardie aux Anatomiſtes
ordinaires ,

ordinaires , mais qui n'étonnera pas ceux qui font accoûtumés à obſer- ver les procédés des inſectes , qui font ceux qui font les plus applica- bles ici. Le petit ver introduit dans la matrice n'auroit-il point tiſſu la membrane qui forme la premiere enveloppe ? Soit qu'il eût tiré de lui- même les fils que HARVEY obſerva d'abord , & qui étoient tendus d'un bout à l'autre de la matrice ; ſoit qu'il eût ſeulement arrangé ſous cette forme la matiere viſqueuſe qu'il y trouvoit. Nous avons des exemples qui ſemblent favoriſer cet- te idée. Pluſieurs inſectes , lorſqu'ils font ſur le point de ſe métamorpho- ſer , commencent par filer ou former

 de

de quelque matiere étrangere , une
enveloppe dans laquelle ils se renfer-
ment ; c'est ainsi que le ver à soie
forme sa coque. Il y quitte bientôt
sa peau de ver , & celle qui lui suc-
cede , & celle de féve , ou de chrysa-
lide , sous laquelle tous ses membres
sont comme emmaillotés , & dont
il ne sort que pour paroître sous la
forme de papillon.

Notre ver spermatique , après
avoir tissu sa premiere enveloppe ,
qui répond à la coque de soie , s'y
renfermeroit , s'y dépouilleroit , &
seroit alors sous la forme de chry-
salide , c'est-à-dire , sous une se-
conde enveloppe qui ne seroit qu'une
de ses peaux. Cette liqueur crystalline

line renfermée dans cette feconde
enveloppe , dans laquelle paroît le
point animé , feroit le corps même
de l'animal ; mais tranfparent comme le cryftal , & mou jufqu'à la fluidité , & dans lequel H A R V E Y auroit méconnu l'organifation. La
mer jette fouvent fur fes bords des
matieres glaireufes & tranfparentes ,
qui ne paroiffent pas beaucoup plus
organifées que la matiere dont nous
parlons , & qui font cependant de
vrais animaux. La premiere enveloppe du fœtus , le chorion , feroit
fon ouvrage ; la feconde , l'amnios ,
feroit fa peau.

Mais eft-on en droit de porter
de pareilles atteintes à des obfervations

G ij

vations auffi authentiques , & de les facrifier ainfi à des analogies & à des fyftèmes ? Mais auffi dans des chofes qui font fi difficiles à obfer-ver , ne peut-on pas fuppofer que quelques circonftances foient échap-pées au meilleur obfervateur ?

CHAPITRE XI.

Variétés dans les Animaux.

L'Analogie nous délivre de la peine d'imaginer des chofes nouvelles ; & d'une peine encore plus grande , qui eft de demeurer dans l'incertitu-de. Elle plaît à notre efprit : mais plaît-elle tant à la nature ?

Il y a fans doute quelqu'analogie dans les moyens que les différentes efpeces d'animaux emploient
pour fe perpétuer : car malgré la
variété infinie qui eft dans la nature , les changemens n'y font jamais fubits. Mais dans l'ignorance
où nous fommes , nous courons
toûjours rifque de prendre pour des
efpeces voifines , des efpeces fi éloignées , que cette analogie qui d'une
efpece à l'autre , ne change que par
des nuances infenfibles , fe perd, ou
du moins eft méconnoiffable dans
les efpeces que nous voulons comparer.

En effet , quelles variétés n'obfer-
ve-t-on pas dans la maniere dont
G iij   différentes

différentes especes d'animaux se perpétuent !

L'impétueux Taureau, fier de sa force, ne s'amuse point aux caresses : il s'élance à l'instant sur la Genisse, il pénetre profondément dans ses entrailles, & y verse à grands flots, la liqueur qui doit la rendre féconde.

La Tourterelle, par de tendres gémissemens, annonce son amour : mille baisers, mille plaisirs, précedent le dernier plaisir.

Un insecte à longues ailes * poursuit sa femelle dans les airs : il l'attrape ; ils s'embrassent, ils s'attachent l'un à l'autre ; & peu embar-

* La Demoiselle, *Perla* en latin.

rassés

raſſés alors de ce qu'ils deviennent, les deux amans volent enſemble, & ſe laiſſent emporter aux vents.

Des animaux * qu'on a long-tems méconnus, qu'on a pris pour des Galles, ſont bien éloignés de promener ainſi leurs amours. La femelle ſous cette forme ſi peu reſſemblante à celle d'un animal, paſſe la plus grande partie de ſa vie, immobile & fixée contre l'écorce d'un arbre. Elle eſt couverte d'une eſpece d'écaille qui cache ſon corps de tous côtés ; une fente preſqu'im-perceptible, eſt pour cet animal, la ſeule porte ouverte à la vie. Le

* Hiſt. des Inſeẟ. de M. de Reaumur, Tome IV. pag. 34.

G iv　　mâle

mâle de cette étrange créature, ne
lui reſſemble en rien : c'eſt un mou-
cheron dont elle ne ſauroit voir
les infidélités, & dont elle attend
patiemment les careſſes. Après que
l'inſecte ailé a introduit ſon aiguil-
lon dans la fente, la femelle devient d'une telle fécondité, qu'il
ſemble que ſon écaille & ſa peau,
ne ſoient plus qu'un ſac rempli d'une
multitude innombrable de petits.

La Galle-inſecte n'eſt pas la ſeule
eſpece d'animaux dont le mâle vole
dans les airs, pendant que la femelle ſans ailes, & de figure toute
différente, rampe ſur la terre. Ces
Diamans dont brillent les buiſſons
pendant les nuits d'automne, les

vers.

vers luifans font les femelles d'infectes ailés , qui les perdroient vraiffemblablement dans l'obfcurité de.
la nuit , s'ils n'étoient conduits par
le petit flambeau qu'elles portent. *

Parlerai-je d'animaux dont la figure infpire le mépris & l'horreur ?
Oui , la nature n'en a traité aucun
en marâtre. Le crapaud tient fa femelle embraffée pendant dès mois
entiers.

Pendant que plufieurs animaux
font fi empreffés dans leurs amours ,
le timide poiffon en ufe avec une re-
tenue extrème : fans ofer rien en-
treprendre fur fa femelle , ni fe per-

* Hift. de l'Ac. des Scienc. an. 1723. p. 9.

mettre.

mettre le moindre attouchement ,
il fe morfond à la fuivre dans les
eaux ; & fe trouve trop heureux d'y
feconder fes œufs après qu'elle les
y a jettés.

Ces animaux travaillent-ils à la
génération d'une maniere fi défin-
téreffée ? Ou la délicateffe de leurs
fentimens fupplée - t - elle à ce qui
paroît leur manquer ? Oui , fans
doute , un regard eſt pour eux une
joüiffance ; tout peut faire le bonheur de celui qui aime. La nature
a le même intérêt à perpétuer toutes les efpeces : elle aura infpiré à
chacune le même motif ; & ce motif dans toutes , eſt le plaifir. C'eſt
lui qui dans l'efpece humaine , fait

tout

tout difparoître devant lui ; qui
malgré mille obftacles qui s'oppo-
fent à l'union de deux cœurs , mille
tourmens qui doivent la fuivre ,
conduit les amans au but que la
nature s'eft propofé. *

Si les poiffons femblent mettre
tant de délicateffe dans leur amour ,
d'autres animaux pouffent le leur
jufqu'à la débauche la plus effrénée.
La Reine abeille a un férail d'amans ,
& les fatisfait tous. Elle cache en
vain la vie qu'elle mene dans l'intérieur de fes murailles ; en vain

———————————————— *Ita capta lepore,*
Illecebrifque tuis omnis natura animantum ,
Te fequitur cupidè , quò quamque inducere
    pergis. Lucret. Lib. I.

elle

elle en avoit imposé même au sa-
vant Swarmerdam : un illustre ob-
servateur * s'est convaincu par ses
yeux de ses prostitutions. Sa fécondité est proportionnée à son intem-
pérance ; elle devient mere de 30
& 40 mille enfans.

Mais la multitude de ce peuple ,
n'est pas ce qu'il y a de plus merveilleux : c'est de n'être point res-
treint à deux sexes , comme les autres animaux. La famille de l'abeille
est composée d'un très-petit nombre
de femelles destinées chacune à
être Reine, comme elle , d'un nou-
vel essain ; d'environ deux mille mâ-

* Hist. des Insect. de M. de Reaumur ,.
Tome V. pag. 504.

les ,.

les , & d'un nombre prodigieux de Neutres , de mouches fans aucun fexe , efclaves malheureux qui ne font deftinés qu'à faire le miel , nourrir les petits dès qu'ils font éclos , & à entretenir par leur travail, le luxe & l'abondance dans la ruche.

Cependant il vient un tems où ces efclaves fe révoltent contre ceux qu'ils ont fi bien fervis. Dès que les mâles ont affouvi la paffion de la Reine , il femble qu'elle ordonne leur mort, & qu'elle les abandonne à la fureur des Neutres. Plus nombreux de beaucoup que les mâles , ils en font un carnage horrible : & cette guerre ne finit point que le dernier mâle de l'effain n'ait été exterminé. Voilà

Voilà une efpece d'animaux bien différens de tous ceux dont nous avons jufqu'ici parlé. Dans ceux-là deux individus formoient la famille, s'occupoient & fuffifoient à perpétuer l'efpece : ici la famille n'a qu'une feule femelle ; mais le fexe du mâle paroît partagé entre des milliers d'individus ; & des milliers encore beaucoup plus nombreux , manquent de fexe abfolument.

Dans d'autres efpeces au contraire , les deux fexes fe trouvent réunis dans chaque individu. Chaque limaçon a tout à la fois les parties du mâle & celles de la femelle : ils s'attachent l'un à l'autre , ils s'entrelacent par de longs cordons ,

qui

qui font leurs organes de la génération , & apres ce double accouplement, chaque limaçon pond fes œufs.

Je ne puis omettre une fingula-
rité qui fe trouve dans ces animaux.
Vers le tems de leur accouplement ,
la Nature les arme chacun d'un petit
Dard formé d'une matiere dure &
cruftacée. * Quelque tems après , ce
Dard tombe de lui - même , fans
doute après l'ufage auquel il a fervi.
Mais quel eft cet ufage ? Quel eft
l'office de cet organe paffager ?
Peut-être cet animal fi froid & fi
lent dans toutes fes opérations ,
a-t-il befoin d'être excité par ces
piquûres ? Des gens glacés par l'âge ,

* *Heifter de Cochleis.*

ou dont les fens étoient émouffés ,
ont eu quelquefois recours à des
moyens auffi violens , pour réveil-
ler en eux l'amour. Malheureux !
qui tâchez par la douleur d'ex-
citer des fentimens qui ne doivent naître que de la volupté ;
reftez dans la léthargie & la mort :
épargnez-vous des tourmens inutiles ; ce n'eft pas de votre fang que
Tibulle a dit que Venus étoit née. *
Il falloit profiter dans le tems, des
moyens que la nature vous avoit
donnés pour être heureux : ou fi
vous en avez profité, n'en pouffer

Is fanguine natam
Is Venerem & rapido fentiat effe mari.
Tibull. Lib. I. Eleg. II.

pas

pas l'ufage au delà des termes qu'elle
a prefcrits. Au lieu d'irriter les fibres
de votre corps, confolez votre ame
de ce qu'elle a perdu.

Vous feriez cependant plus excu-
fables encore que ce jeune homme
qui, dans un mêlange bifarre de
fuperftition & de galanterie, fe
déchire la peau de mille coups, aux
yeux de fa maîtreffe, pour lui donner
des preuves des tourmens qu'il peut
fouffrir pour elle, & des affûrances
des plaifirs qu'il lui fera goûter.

Je ne finirois point fi je parlois
de tout ce que l'attrait de cette
paffion a fait imaginer aux hommes pour leur en faire excéder ou
prolonger l'ufage. Innocent lima-

H   çon,

çon , vous êtes peut-être le feul
pour qui ces moyens ne foient pas
criminels ; parce qu'ils ne font chez
vous que les effets de l'ordre de la
nature. Recevez , & rendez mille
fois les coups de ces Dards dont
elle vous a armés. Ceux qu'elle a
réfervés pour nous , font des fons
& des regards.

Malgré ce privilége qu'a le limaçon de pofféder tout à la fois
les deux fexes , la nature n'a pas
voulu qu'ils puffent fe paffer les uns
des autres ; deux font néceffaires
pour perpétuer l'efpece. *

Mais voici un Hermaphrodite.

* *Mutuis animis , amant , amantur.*
                Catull. Carm. XLIII.
                                bien

bien plus parfait. C'eſt un petit inſecte trop commun dans nos jardins, que les Naturaliſtes appellent *Puceron*. Sans aucun accouplement, il produit ſon ſemblable, accouche d'un autre puceron vivant. Ce fait merveilleux ne devroit pas être cru s'il n'avoit été vû par les Naturaliſtes les plus fideles, & s'il n'étoit conſtaté par M. de Reaumur à qui rien n'échappe de ce qui eſt dans la nature : mais qui n'y voit jamais que ce qui y eſt.

On a pris un puceron ſortant du ventre de ſa mere ou de ſon pere ; on l'a ſoigneuſement ſéparé de tout commerce avec aucun autre, & on l'a nourri dans un vaſe de verre:

 bien

bien fermé : on l'a vu accoucher
d'un grand nombre de pucerons. Un
de ceux-ci a été pris fortant du ventre
du premier, & renfermé comme
fa mere : il a bientôt fait comme
elle d'autres pucerons. On a eu de
la forte, cinq générations bien conf-
tatées fans aucun accouplement.
Mais ce qui peut paroître une merveille auffi grande que celle - ci,
c'eft que les mêmes pucerons qui
peuvent engendrer fans accouplement, s'accouplent auffi fort bien
quand ils veulent. *

Ces animaux qui en produifent
d'autres, étant féparés de tout ani-

* Hift. des Infect. de M. de Reaumur,
pag. 523.

mal

mal de leur efpece , fe feroient-ils
accouplés dans le ventre de leur
mere ; ou lorfqu'un puceron en s'ac-
couplant , en féconde un autre , fé-
conderoit-il à la fois plufieurs générations ? Quelque parti qu'on
prenne , quelque chofe qu'on ima-
gine ; toute analogie eft ici violée.

Un ver aquatique appellé *Polype*
a des moyens encore plus furpre-
nans pour fe multiplier. Comme
un arbre pouffe des branches , un
Polype pouffe de jeunes polypes :
ceux-ci lorfqu'ils font parvenus à
une certaine grandeur , fe détachent
du tronc qui les a produits : mais
fouvent avant que de s'en détacher ,
ils en ont pouffé eux-mêmes de
nouveaux :

nouveaux : & tous ces defcen-
dans de différens ordres, tiennent
à la fois au polype ayeul. L'illuf-
tre auteur de ces découvertes, a
voulu examiner fi la génération naturelle des polypes fe réduifoit à
cela ; & s'ils ne s'étoient point
accouplés auparavant. Il a employé
pour s'en affùrer, les moyens les
plus ingénieux & les plus affidus :
il s'eft précautionné contre toutes
les rufes d'amour, que les animaux
les plus ftupides favent quelquefois mettre en ufage auffi bien, &
mieux que les plus fins. Le réfultat
de toutes fes obfervations a été que
la génération de ces animaux, fe fait
fans aucune efpece d'accouplement.

Mais

Mais cela pourroit-t-il surprendre, lorsqu'on saura quelle est l'autre maniere dont les Polypes se multiplient ? Parlerai-je de ce prodige ; & le croira-t-on ? Oui , il est constant par des expériences & des témoignages qui ne permettent pas d'en douter. Un animal pour se multiplier , n'a besoin que d'être coupé par morceaux : le tronçon auquel tient la tête , reproduit une queue ; celui auquel la queue est restée , reproduit une tête ; & les tronçons sans tête & sans queue , reproduisent l'une & l'autre. Hydre plus merveilleuse que celle de la fable ; on peut le fendre dans sa longueur , le mutiler de toutes les façons ;

façons ; tout eſt bientôt réparé ; & chaque partie eſt un animal nouveau. *

Que peut - on penſer de cette étrange eſpece de génération ; de ce principe de vie répandu dans chaque partie de l'animal ? Ces animaux ne ſeroient-ils que des amas d'embrions tout prêts à ſe développer , dès qu'on leur feroit jour ? Ou des moyens inconnus reproduiſent-ils tout ce qui manque aux parties mutilées ? La nature qui dans tous les autres animaux , a attaché le

* Philoſoph. Tranſact. N°. 467.

L'ouvrage va paroître dans lequel M. TREMBLEY donne au Public toutes ſes découvertes ſur ces animaux.

plaiſir

plaifir à l'acte qui les multiplie , feroit - elle fentir à ceux - ci quelque
efpece de volupté lorfqu'on les cou-
pe par morceaux ?

CHAPITRE XII.

Réflexions fur les fyftèmes de développemens.

LA plûpart des Phyficiens modernes , conduits par l'analogie de ce
qui fe paffe dans les plantes , où
la production apparente des parties
n'eft que le développement de ces
parties déja formées dans la graine
ou dans l'oignon ; & ne pouvant
comprendre comment un corps or-

I   ganifé

ganifé feroit produit ; ces Phyficiens veulent réduire toutes les générations à de fimples développemens. Ils croyent plus fimple de fuppofer que tous les animaux de chaque efpece , étoient contenus déja
tous formés dans un feul pere , ou
une feule mere , que d'admettre aucune production nouvelle.

Ce n'eft point la petiteffe extrê-
me dont devroient être les parties
de ces animaux , ni la fluidité des
animaux qui y devroient circuler ,
que je leur objecterai : mais je leur
demande la permiffion d'approfon-
dir un peu plus leur fentiment , &
d'examiner 1°. Si ce qu'on voit dans
la production apparente des plantes ,

tes , eſt applicable à la génération des animaux ? 2°. Si le ſyſtème du développement , rend la Phyſique plus claire qu'elle ne ſeroit en admettant des productions nouvelles.

Quant à la premiere queſtion , il eſt vrai qu'on apperçoit dans l'oignon de la Tulipe , les feuilles & la fleur déja toutes formées , & que ſa production apparente , n'eſt qu'un véritable développement de ces parties : mais à quoi cela eſt-il applicable , ſi l'on veut comparer les animaux aux plantes ? Ce ne ſera qu'à l'animal déja formé. L'oignon ne ſera que la Tulipe même ; & comment pourroit-on prouver que toutes les Tulipes qui doivent naître

        de

de celle-ci, y font contenues ? Cet exemple donc des plantes, fur lequel ces Phyficiens comptent tant, ne prouve autre chofe, fi ce n'eft qu'il y a un état pour la plante, où fa forme n'eft pas encore fenfible à nos yeux, mais où elle n'a befoin que du développement & de l'accroiffement de fes parties, pour paroître. Les animaux ont bien un état pareil : mais c'eft avant cet état, qu'il faudroit favoir ce qu'ils étoient ; enfin quelle certitude a-t-on ici de l'analogie entre les plantes & les animaux ?

Quant à la feconde queftion, fi le fyftème du développement rend la Phyfique plus lumineufe qu'elle

ne

(101)

ne feroit en admettant de nouvelles productions ; il eſt vrai qu'on ne
comprend point comment à chaque
génération, un corps organiſé, un
animal ſe peut former : mais com-
prend-t-on mieux comment cette
ſuite infinie d'animaux contenus
les uns dans les autres, auroit été
formée tout à la fois ? Il me ſemble qu'on ſe fait ici une illuſion :
& qu'on croit réſoudre la difficulté
en l'éloignant. Mais la difficulté
demeure la même, à moins qu'on
n'en trouve une plus grande à concevoir comment tous ces corps
organiſés auroient été formés
les uns dans les autres, & tous
dans un ſeul, qu'à croire qu'ils ne

I iij   font

font formés que fucceffivement.

DESCARTES a cru comme les Anciens, que l'homme étoit formé du mélange des liqueurs que répandent les deux fexes. Ce grand Philofophe dans fon traité de l'homme, a cru pouvoir expliquer, comment par les feules loix du mouvement & de la fermentation, il fe formoit, un cœur un cerveau, un nez, des yeux, &c. *

Le fentiment de Defcartes fur la formation du fœtus, par le mélange de ces deux femences, a quelque chofe de remarquable, & qui préviendroit en fa faveur, fi les rai-

* L'homme de DESCARTES, & la formation du fœtus, pag. 127.

fons

fons morales pouvoient entrer ici pour quelque chofe. Car on ne croira pas qu'il l'ait embraffé par complaifance pour les Anciens, ni faute de pouvoir imaginer d'autres fyftèmes.

Mais fi l'on croit que l'Auteur de la nature, n'abandonne pas aux feules loix du mouvement, la formation des animaux ; fi l'on croit qu'il faille qu'il y mette immédiatement la main, & qu'il ait créé d'abord tous ces animaux contenus les uns dans les autres : que gagnera-t-on à croire qu'il les a tous formés en même tems ? Et que perdra la Phyfique, fi l'on penfe que les animaux ne font formés que fucceffi-

                          vement.

vement ? Y a-t-il meme, pour Dieu,
quelque différence entre le tems
que nous regardons comme le même, & celui qui fe fuccede ?

CHAPITRE XIII.

Raifons qui prouvent que le Fœtus participe également du Pere & de la mere.

SI l'on ne voit aucun avantage,
aucune fimplicité plus grande, à
croire que les animaux, avant la
génération, étoient déja tous formés les uns dans les autres, qu'à
penfer qu'ils fe forment à chaque
génération ; fi le fond de la chofe,

la formation de l'animal demeure pour nous également inexplicable : des raisons très-fortes font voir que chaque sexe y contribue également. L'enfant naît tantôt avec les traits du pere, tantôt avec ceux de la mere ; il naît avec leurs défauts & leurs habitudes, & paroît tenir d'eux jusqu'aux inclinations & aux qualités de l'esprit. Quoique ces ressemblances ne s'observent pas toûjours, elles s'observent trop souvent, pour qu'on puisse les attribuer à un effet du hasard : & sans doute, elles ont lieu plus souvent qu'on ne croit, & qu'on ne peut le remarquer.

Dans des especes différentes, ces reffemblances

reſſemblances ſont plus ſenſibles. Qu'un homme noir épouſe une femme blanche, il ſemble que les deux couleurs ſoient mélées; l'enfant naît olivâtre, & eſt mi-parti avec les traits de la mere, & ceux du pere.

Mais dans des eſpeces plus différentes, l'altération de l'animal qui en naît, eſt encore plus grande. L'âne & la jument forment un animal qui n'eſt ni cheval ni âne, mais qui eſt viſiblement un compoſé des deux. Et l'altération eſt ſi grande, que les organes du mulet ſont inutiles pour la génération.

Des expériences plus pouſſées, & ſur des eſpeces plus différentes, feroient voir encore vraiſemblablement

ment,

ment , de nouveaux monſtres. Tout concourt à faire croire que l'animal qui naît , eſt un compoſé des deux ſemences.

Si tous les animaux d'une eſpece , étoient déja formés & contenus dans un ſeul pere ou une ſeule mere , ſoit ſous la forme de vers , ſoit ſous la forme d'œufs , obſerveroit-on ces alternatives de reſſemblances ? Si le fœtus étoit le ver qui nage dans la liqueur ſéminale du pere , pourquoi reſſembleroit-il quelquefois à la mere ? S'il n'étoit que l'œuf de la mere , que ſa figure auroit-elle de commun avec celle du pere ? Le petit cheval déja tout formé dans l'œuf de la jument , prendroit-il droit-il des oreilles d'âne, parce qu'un âne auroit mis les parties de l'œuf en mouvement?

Croira-t-on, pourra-t-on imaginer que le ver fpermatique, parce qu'il aura été nourri chez la mere, prendra fa reffemblance & fes traits? Cela feroit-il beaucoup plus ridicule, qu'il ne le feroit de croire que les animaux duffent reffembler aux alimens dont ils fe font nourris, ou aux lieux qu'ils ont habités.

CHAP.

CHAPITRE XIV.

Systèmes sur les Monstres.

ON trouve dans les Mémoires de l'Académie des Sciences, une longue dispute entre deux Hommes célebres qui à la maniere dont on combattoit, n'auroit jamais été terminée sans la mort d'un des combattans. La question étoit sur les Monstres. Dans toutes les especes, on voit souvent naître des animaux contrefaits ; des animaux à qui il manque quelques parties, ou qui ont quelques parties de trop. Les

deux

deux anatomiſtes convenoient du
ſyſtème des œufs. Mais l'un vouloit que les monſtres ne fuſſent jamais que l'effet de quelqu'accident
arrivé aux œuf : l'autre prétendoit
qu'il y avoit des œufs originairement monſtrueux, qui contenoient
des monſtres auſſi bien formés que
les autres œufs contenoient des animaux parfaits.

L'un expliquoit aſſez clairement
comment les déſordres arrivés dans
les œufs, faiſoient naître des monſtres : il ſuffiſoit que quelques parties dans le tems de leur molleſſe,
euſſent été détruites dans l'œuf par
quelque accident, pour qu'il naquit un *Monſtre par défaut*, un enfant

fant mutilé. L'union ou la confu-
sion des deux œufs, ou de deux germes d'un même œuf, produisoit
les *Monstres par excès*, les enfans
qui naissent avec des parties superflues. Le premier degré de monstres seroit deux Gemeaux simple-
ment adhérens l'un à l'autre, comme on en a vû quelquefois. Dans
ceux-la aucune partie principale des
œufs n'auroit été détruite. Quelques parties superficielles des fœtus
déchirées dans quelque endroit, &
reprises l'une avec l'autre, auroient
causé l'adhérence des deux corps.
Les monstres à deux têtes sur un
seul corps, ou à deux corps sur une
seule tête, ne differeroient des pre-

* miers,

miers , que parce que plus de parties dans l'un des œufs , auroient été détruites : dans l'un , toutes celles qui formoient un des corps ; dans l'autre , celles qui formoient une des têtes. Enfin un enfant qui a un doigt de trop , est un monstre composé de deux œufs, dans l'un desquels toutes les parties , excepté ce doigt , ont été détruites.

L'adversaire plus anatomiste que raisonneur , sans se laisser ébloüir d'une espece de lumiere que ce système répand , n'objectoit à cela que des monstres dont il avoit lui-même disséqué la plûpart, & dans lesquels il avoit trouvé des mons-truosités ,

truofités , qui lui paroiſſoient inex-
plicables par aucun déſordre acci-
dentel.

Les raiſonnemens de l'un ten-
terent d'expliquer ces déſordres :
les monſtres de l'autre ſe multiplie-
rent ; à chaque raiſon que M. de
Lemery alléguoit , c'étoit toûjours
quelque nouveau monſtre à com-
battre que lui produiſoit M. de
Winſlow.

Enfin on en vint aux raiſons Mé-
taphyſiques. L'un trouvoit du ſcan-
dale à penſer que Dieu eût créé
des germes originairement monſtrueux : l'autre croyoit que c'é-
toit limiter la puiſſance de Dieu,
que de la reſtreindre à une régu-

K *   larité

larité & une uniformité trop grande.

Ceux qui voudroient voir ce qui a été dit sur cette dispute, le trouveroient dans les Mémoires de l'Académie. *

Un fameux Auteur Danois a eu une autre opinion sur les Monstres : il en attribuoit la production aux Cometes. C'est une chose curieuse, mais bien honteuse pour l'esprit humain, que de voir ce grand Medecin traiter les Cometes comme des *abcès* du Ciel & prescrire

* Mémoires de l'Académie Royale des Sciences, années 1714. 1733. 1734. 1738. & 1740.

un

un régime pour se préserver de leur contagion. *

CHAPITRE XV.

Des accidens causés par l'imagination des Meres.

UN Phénomene plus difficile encore, ce me semble, à expliquer, que les monstres dont nous venons de parler ; ce seroit cette espece de monstres causés par l'imagination des meres ; ces enfans auxquels les meres auroient imprimé la figure de

* *Th. Bartholini de Cometâ, Consilium Medicum, cum Monstrorum in Daniâ natorum historiâ.*

K ij

l'objet

l'objet de leur frayeur, de leur admiration, ou de leur defir. On craint d'ordinaire qu'un negre, qu'un finge, ou tout autre animal dont la vûe peut furprendre ou effrayer, ne fe préfente aux yeux d'une femme enceinte. On craint qu'une femme en cet état, defire de manger quelque fruit, ou qu'elle ait quelqu'appétit qu'elle ne puiffe pas fatisfaire. On raconte mille hiftoires d'enfans qui portent les marques de tels accidens.

Il me femble que ceux qui ont raifonné fur ces Phénomenes, en ont confondu deux fortes abfolument différentes.

Qu'une femme troublée par quelque paffion violente, qui fe trouve

dans

dans un grand péril , qui a été épouvantée par un animal affreux , accouche d'un enfant contrefait ; il n'y a rien que de très-facile à comprendre. Il y a certainement entre le fœtus & sa mere , une communication affez intime , pour qu'une violente agitation dans les efprits ou dans le fang de la mere , fe tranfmette dans le fœtus , & y caufe des defordres auxquels les parties de la mere pouvoient réfifter , mais auxquels les parties trop délicates du fœtus fuccombent. Tous les jours nous voyons ou éprouvons de ces mouvemens involontaires qui fe communiquent de bien plus loin que de la mere à l'enfant qu'elle porte.

porte. Qu'un homme qui marche devant moi, faſſe un faux pas ; mon corps prend naturellement l'attitude que devroit prendre cet homme pour s'empêcher de tomber. Nous ne ſaurions guères voir ſouffrir les autres, ſans reſſentir une partie de leurs douleurs, ſans éprouver des revolutions quelquefois plus violentes que n'éprouve celui ſur lequel le fer & le feu agiſſent. C'eſt un lien par lequel la nature a attaché les hommes les uns aux autres. Elles ne les rend d'ordinaire compatiſſans, qu'en leur faiſant ſentir les mêmes maux. Le plaiſir & la douleur ſont les deux maîtres du Monde. Sans l'un, peu de gens

s'embarraſſeroient

s'embarrafferoient de perpétuer l'efpece des hommes : fi l'on ne crai-
gnoit l'autre , plufieurs ne voudroient pas vivre.

Si donc ce fait tant rapporté eft
vrai ; qu'une femme foit accouchée
d'un enfant dont les membres étoient
rompus aux mêmes endroits où elle
les avoit vû rompre à un criminel ;
il n'y a rien , ce me femble , qui
doive beaucoup furprendre , non
plus que dans tous les autres faits de
cette efpece.

Mais il ne faut pas confondre ces
faits avec ceux où l'on prétend que
l'imagination de la mere , imprime
au fœtus la figure de l'objet qui l'a
épouvantée , ou du fruit qu'elle a
déſiré

défiré de manger. La frayeur peut
caufer de grands defordres dans les
parties molles du fœtus : mais elle
ne reffemble point à l'objet qui l'a
caufée. Je croirois plûtôt que la
peur qu'une femme a d'un tigre,
fera perir entierement fon enfant,
ou le fera naître avec les plus grandes difformités, qu'on ne me fera
croire que l'enfant puiffe naître
moucheté, ou avec des griffes, à
moins que ce ne foit un effet du hafard qui n'ait rien de commun avec
la frayeur du tigre. De même l'enfant qui naquit roüé, eft bien moins
prodige que ne le feroit celui qui
naîtroit avec l'empreinte de la cerife
qu'auroit voulu manger fa mere.;

parce

parce que le sentiment qu'une femme éprouve par le défir ou par la vûe
d'un fruit, ne reſſemble en rien à
l'objet qui excite ce sentiment.

Cependant rien n'eſt ſi fréquent
que de rencontrer de ces ſignes qu'on
prétend formés par les envies des
meres. Tantôt c'eſt une ceriſe, tantôt c'eſt un raiſin, tantôt c'eſt un
poiſſon. J'en ai obſervé un grand
nombre : mais j'avoüe que je n'en ai
jamais vû qui ne pût être facilement
réduit à quelqu'excroiſſance ou quelque tache accidentelle. J'ai vû juſqu'à une ſouris ſur le cou d'une De-
moiſelle dont la mere avoit été épouvantée par cet animal ; une autre
portoit au bras un Poiſſon que ſa

mere avoit eu envie de manger. Ces
animaux paroiſſoient à quelques-
uns parfaitement deſſinés : mais
pour moi, l'un ſe réduiſit à une
tache noire & velue de l'eſpece de
pluſieurs autres qu'on voit quelquefois placées ſur la joue , & auxquelles on ne donne aucun nom ,
faute de trouver à quoi elles reſſemblent. Le Poiſſon ne fut qu'u-
ne tache griſe. Le rapport des meres , le ſouvenir qu'elles ont d'avoir
eu telle crainte ou tel déſir , ne doit
pas beaucoup embarraſſer ; elles ne ſe
ſouviennent d'avoir eu ces deſirs ou
ces craintes , qu'après qu'elles ſont
accouchées d'un enfant marqué ;
leur mémoire alors leur fournit tout

ce

ce qu'elles veulent , & en effet il est difficile que dans un espace de neuf mois, une femme n'ait jamais eu peur d'aucun animal , ni envie de manger d'aucun fruit.

CHAPITRE XVI.

Difficultés sur les systèmes des Oeufs , & des Animaux spermatiques.

IL est tems de revenir à la maniere dont se fait la génération. Tout ce que nous venons de dire , loin d'éclaircir cette matiere , n'a peut-être fait qu'y répandre plus de doutes. Les faits merveilleux de toutes parts se sont découverts , les systèmes se

font

font multipliés : & il n'en eſt que plus difficile , dans cette grande variété d'objets, de reconnoître l'objet qu'on cherche.

Je connois trop les défauts de tous les ſyſtèmes que j'ai propoſés , pour en adopter aucun : je trouve trop d'obſcurité répandue ſur cette matiere , pour oſer former aucun ſyſtème. Je n'ai que quelques penſées vagues que je propoſe plûtôt comme des queſtions à examiner , que comme des opinions à recevoir ; je ne ſerai ni ſurpris , ni ne croirai avoir lieu de me plaindre , ſi on les rejette. Et comme il eſt beaucoup plus difficile de découvrir la maniere dont un effet eſt produit , que de faire voir

qu'il

(115)

qu'il n'eſt produit ni de telle , ni de telle maniere ; je commencerai par faire voir qu'on ne ſauroit raiſonnablement admettre ni le ſyſtème des œufs ni celui des Animaux ſpermatiques.

Il me ſemble donc que ces deux ſyſtèmes ſont également incompatibles avec la maniere dont HARVEY a vû le fœtus ſe former.

Mais l'un & l'autre de ces deux ſyſtèmes me paroiſſent encore plus ſûrement détruits par la reſſemblance de l'enfant , tantôt au pere , tantôt à la mere ; & par les animaux mi-partis qui naiſſent de deux eſpeces différentes.

On ne ſauroit peut-être expli-
L iij quer

quer comment un enfant, de quelque maniere que le pere & la mere contribuent à sa génération, peut leur reſſembler : mais de ce que l'enfant reſſemble à l'un & à l'autre, je crois qu'on peut conclurre que l'un & l'autre ont eu également part à sa formation.

Nous ne rappellerons plus ici le ſentiment de HARVEY qui réduiſoit la conception de l'enfant dans la matrice, à la comparaiſon de la conception des idées dans le cerveau. Ce qu'a dit, ſur cela, ce grand homme, ne peut ſervir qu'à faire voir combien il trouvoit de difficulté dans cette matiere ; ou à faire écouter plus patiemment toutes les idées qu'on qu'on peut propofer , quelque étranges qu'elles foient.

Ce qui paroît l'avoir le plus embarraffé , & l'avoir jetté dans cette comparaifon , ç'a été de ne jamais trouver la femence du Cerf dans la matrice de la Biche. Il a conclu de-là que la femence n'y entroit point. Mais étoit-il en droit de le conclurre ? Les intervalles du tems qu'il a mis entre l'accouplement de ces animaux & leur diffection , n'ont-ils pas été beaucoup plus longs qu'il ne falloit pour que la plus grande partie de la femence entrée dans la matrice eût le tems d'en reffortir , ou de s'y imbiber.

L'expérience de VERHEYEN
L iv   qui

qui prouve que la femence du mâle entre quelquefois dans la matrice, eft prefqu'une preuve qu'elle y entre toûjours, mais qu'elle y demeure rarement en affez grande quantité, pour qu'on puiffe l'y appercevoir.

HARVEY n'auroit pû obferver qu'une quantité fenfible de femence : & de ce qu'il n'a pas trouvé dans la matrice de femence en telle quantité, il n'eft pas fondé à affûrer qu'il n'y en eût aucunes gouttes répandues fur une membrane déja toute enduite d'humidité. Quand la plus grande partie de la femence reffortiroit auffi-tôt de la matrice ; quand même il n'y en entreroit

que

que très-peu, cette liqueur mêlée avec celle que la femelle répand, est peut-être beaucoup plus qu'il n'en faut, pour donner l'origine au fœtus.

Je demande donc pardon aux Physiciens modernes, si je ne puis admettre les systèmes qu'ils ont si ingénieusement imaginés. Car je ne suis pas de ceux qui croient qu'on avance la Physique en s'attachant à un système malgré quelque phénomene qui lui est évidemment incompatible ; & qui, ayant remarqué quelqu'endroit d'où suit nécessairement la ruine de l'édifice, achevent cependant de le bâtir, & l'habitent avec autant

de

de fécurité , que s'il étoit le plus folide.

Malgré les prétendus œufs , malgré les petits animaux qu'on obferve dans la liqueur féminale ; je ne fçai s'il faut abandonner le fentiment des Anciens fur la maniere dont fe fait la génération ; fentiment auquel les expériences de HARVEY font affez conformes. Lorfque nous croyons que les Anciens ne font demeurés dans telle ou telle opinion , que parce qu'ils n'avoient pas été auffi loin que nous : nous devrions peut-être plûtôt penfer que c'eft parce qu'ils avoient été plus loin ; & que des expériences d'un tems plus reculé

leur

avoient fait fentir l'infuffifance des fyftèmes dont nous nous contentons.

Il eft vrai que lorfqu'on dit, que le fœtus eft formé du mélange des deux femences, on eft bien éloigné d'avoir expliqué cette formation. Mais l'obfcurité qui refte, ne doit pas être imputée à la maniere dont nous raifonnons. Celui qui veut connoître un objet trop éloigné, quoiqu'il ne le découvre que confufément, réuffit mieux que celui qui voit plus diftinctement des objets qui ne font pas celui là.

Quoique je refpecte infiniment DESCARTES, & que je croie, comme lui, que le fœtus

eft

eft formé du mélange des deux femences, je ne puis croire que perfonne foit fatisfait de l'explication qu'il en donne, ni qu'on puiffe expliquer par une mechanique intelligible, comment un animal eft formé du mélange de deux liqueurs. Mais quoique la maniere dont ce prodige fe fait, demeure cachée pour nous, je ne l'en crois pas moins certain.

CHAP.

CHAPITRE XVII.

Conjectures sur la formation du fœtus.

DAns cette obscurité sur la maniere dont le fœtus est formé du mélange des deux liqueurs, nous trouvons des faits qui sont peut-être plus comparables à celui-là, que ce qui se passe dans le cerveau. Lorsque l'on mêle de l'argent & de l'esprit de nitre avec du mercure & de l'eau, les parties de ces matieres viennent d'elles-mêmes s'arranger pour former une végéta-

tion

tion si semblable à un arbre , qu'on n'a pû lui en refuser le nom. *

Depuis la découverte de cette admirable végétation , l'on en a trouvé plusieurs autres : l'une dont le fer est la base , imite si bien un arbre, qu'on y voit non - seulement un tronc , des branches & des racines , mais jusqu'à des feuilles & des fruits. ** Quel miracle , si une telle végétation se formoit hors de la portée de notre vûe ! La seule habitude diminue le merveilleux de la plûpart des phénomenes de la na-

* Arbre de Diane.

** *Voyez* Mem. de l'Acad. Royale des Scienc. ann. 1706. pag. 415.

ture.

ture. * On croit que l'esprit les comprend, lorsque les yeux y font accoutumés : mais pour le Philosophe, la difficulté reste. Et tout ce qu'il doit conclurre, c'est qu'il y a des faits certains dont il ne sauroit connoître les causes ; & que ses sens ne lui sont donnés que pour humilier son esprit.

On ne sauroit gueres douter qu'on ne trouve encore plusieurs autres productions pareilles, si on les cherche, ou peut-être lorsqu'on les cherchera le moins. Et quoique celles-ci paroissent moins organi-

* *Quid non in miraculo est, cùm primum in notitiam venit?*
C. Plin. Nat. hist. Lib. VII. Cap. 1.

sées

fées que les corps de la plûpart des animaux, ne pourroient-elles pas dépendre d'une même méchanique & de quelques loix pareilles ? Les loix ordinaires du mouvement y suffiroient-elles, ou faudroit-il appeller au secours des forces nouvelles ?

Ces forces tout incompréhensibles qu'elles sont, semblent avoir pénétré jusques dans l'Académie des Sciences où l'on pese tant les nouvelles opinions avant que de les admettre. Un des plus illustres Membres de cette Compagnie, dont nos sciences regretteront longtems la perte;*un de ceux qui avoient

* M. GEOFFROY.

(137)

pénétré le plus avant dans les fe-
crets de la nature , avoit fenti la difficulté d'en réduire les opérations
aux loix communes du mouvement , & avoit été obligé d'avoir
recours à des forces qu'il crut qu'on
recevroit plus favorablement fous
le nom de *Rapports* , mais Rapports
qui font que *toutes les fois que deux*
fubftances qui ont quelque difpofi-
tion à fe joindre l'une avec l'autre ,
fe trouvent unies enfemble ; s'il en
furvient une troifieme qui ait plus
de rapport avec l'une des deux ,
elle s'y unit en faifant lâcher prife
à l'autre. *

* Mém. de l'Acad. dés Scienc. ann. 1718.
p. 102.

M   Je

Je ne puis m'empêcher d'avertir ici, que ces forces & ces rapports ne font autre chofe que ce que d'autres Philofophes plus hardis appellent *Attraction.* Cet ancien terme reproduit de nos jours , effaroucha d'abord les Phyficiens qui croyoient pouvoir expliquer fans lui tous les phénomenes de la nature. Les Aftronomes furent ceux qui fentirent les premiers le befoin d'un nouveau principe pour les mouvemens des Corps céleftes , & qui crurent l'avoir découvert dans ces mouvemens mêmes. La Chymie en a depuis reconnu la néceffité ; & les Chymiftes les plus fameux aujourd'hui , admettent l'Attraction.

&

& l'étendent plus loin que n'ont fait les Aſtronomes.

Pourquoi, ſi cette force exiſte dans la nature, n'auroit-elle pas lieu dans la formation du corps des animaux ? Qu'il y ait dans chacune des ſemences, des parties deſtinées à former le cœur, la tête, les entrailles, les bras, les jambes ; & que ces parties aient chacune un plus grand rapport d'union avec celle qui pour la formation de l'animal doit être ſa voiſine, qu'avec toute autre ; le fœtus ſe formera : & fût-il encore mille fois plus organiſé qu'il n'eſt, il ſe formeroit.

On ne doit pas croire qu'il n'y

 ait

ait dans les deux femences, que précifément les parties qui doivent former un fœtus, ou le nombre de fœtus que la femelle doit porter : chacun des deux fexes y en fournit fans doute, beaucoup plus qu'il n'eft néceffaire. Mais les deux parties qui doivent fe toucher, étant une fois unies, une troifieme qui auroit pû faire la même union, ne trouve plus fa place, & demeure inutile. C'eft ainfi, c'eft par ces opérations répétées, que l'enfant eft formé des parties du pere & de la mere, & porte fouvent des marques vifibles qu'il participe de l'un & de l'autre.

Si chaque partie eft unie à celles qui

qui doivent être ses voisines , & ne l'est qu'à celles-là , l'enfant naît dans sa perfection. Si quelques parties se trouvent trop éloignées , ou d'une forme trop peu convenable , ou trop foible de rapport d'union , pour s'unir à celles auxquelles elles doivent être unies , il naît *un monstre par défaut.* Mais s'il arrive que des parties superflues trouvent encore leur place , & s'unissent aux parties dont l'union étoit déja suffisante , voilà *un monstre par excès.*

Une remarque sur cette derniere espece de monstres est si favorable à notre systême qu'il semble qu'elle en soit une démonstration. C'est que les parties superflues se trouvent

toûjours

toûjours aux mêmes endroits que les parties néceffaires. Si un monftre a deux têtes , elles font l'une & l'autre placées fur un même cou , ou fur l'union de deux vertebres ; s'il a deux corps ils font joints de la même maniere. Il y a plufieurs exemples d'hommes qui naiffent avec des doigts furnuméraires : mais c'eft toûjours à la main ou au pied qu'ils fe trouvent. Or fi l'on veut que ces monftres foient le produit de l'union de deux œufs , ou de deux fœtus , croira-t-on que cette union fe faffe de telle maniere que les feules parties de l'un des deux qui fe confervent fe trouvent toûjours fituées aux mêmes lieux que

les

les parties femblables de celui qui
n'a fouffert aucune deftruction ?
J'ai vû une merveille plus décifive
encore fur cette matiere. C'eft le
fquélette d'une efpece de Géant qui
n'a d'autre difformité, qu'une vertebre de trop, placée dans la fuite
des autres vertebres, & formant
avec elles une même épine. * Croi-

* Ce Squelette fe conferve à Berlin dans
la falle anatomique de l'Académie Royale
des Sciences & Belles-Lettres. On fera peut-
être bien-aife d'en voir une defcription
plus détaillée tirée d'une lettre que M.
Buddeus Membre de cette Académie &
Profeffeur d'Anatomie m'a écrite.

*En conformité de vos ordres que j'ai re-
çus hier, j'ai l'honneur de vous mander*

ra-t-on,

ra-t-on , pourra-t-on penſer que cette vertebre ſoit le reſte d'un fœtus ?

qu'il y a effectivement dans notre Amphi-
théatre un Squélette qui a une Vertebre de
trop. Il eſt de la grandeur de ſept pieds ,
& S. M. le feu Roi l'envoya ici pour le
garder à cauſe de ſa rareté. Je l'ai examiné avec ſoin , & il ſe trouve que la Vertebre ſurnuméraire doit être rangée à celle
des Lombes. Les Vertebres du col ont leurs
marques particulieres dont on les connoît
très-aiſément ; ainſi elle n'appartient ſûrement pas à elles , moins encore à celles du
dos , puiſque les côtes les caractériſent. La
premiere Vertebre des lombes a ſa conformité
naturelle , par rapport à ſon union avec la
douzieme du dos , & la derniere des lombes a ſa figure ordinaire pour s'appliquer à
l'Os Sacrum. Ainſi il faut chercher la ſur-

Sj

(145)

Si l'on veut que les monftres naiffent de germes originairement monftrueux, la difficulté fera-t-elle moindre ? Pourquoi les germes monftrueux obferveront-ils cet ordre dans la fituation de leurs parties ? Pourquoi des oreilles ne fe trouveront-elles jamais aux pieds, ni des doigts à la tête ?

Quant aux monftres humains à tête de chat, de chien, de cheval, &c. j'attendrai à en avoir vû pour expliquer comment ils peuvent être produits. J'en ai examiné plufieurs qu'on difoit tels : mais

numéraire entre le refte des Vertebres des lombes, c'eft-à-dire, entre la premiere & la derniere lombaire.

N   tout

tout fe réduifoit à quelques traits difformes : je n'ai jamais trouvé dans aucun individu de partie qui appartint inconteftablement à une autre efpece qu'à la fienne : & fi l'on me faifoit voir quelque Minotaure, ou quelque Centaure, je croirois plûtôt des crimes que des prodiges.

Il femble que l'idée que nous propofons fur la formation du fœtus, fatisferoit mieux qu'aucune autre aux phénomenes de la génération ; à la reffemblance de l'enfant, tant au pere qu'à la mere ; aux animaux mixtes qui naiffent de deux efpeces différentes ; aux monftres tant par excès que par défaut : enfin cette idée

idée paroît la feule qui puiſſe fub-
fifter avec les obſervations de
HARVEY.

CHAPITRE XVIII.

*Conjeſtures ſur l'uſage des Animaux
ſpermatiques.*

MAis ces petits animaux qu'on
découvre au microſcope, dans la
ſemence du mâle, que deviendront-
ils ? A quel uſage la nature les aura-
t-elle deſtinés : Nous n'imiterons
point quelques Anatomiſtes qui en
ont nié l'exiſtence : il faudroit être
trop malhabile à ſe ſervir du microſcope, pour ne les pouvoir ap-
N ij   percevoir.

percevoir. Mais nous pouvons très-
bien ignorer leur emploi. Ne peuvent - ils pas être de quelqu'ufage
pour la production de l'animal, fans
être l'animal même ? Peut - être ne
fervent-ils qu'à mettre les liqueurs
prolifiques en mouvement ; à rapprocher par-là des parties trop éloignées ; & à faciliter l'union de celles
qui doivent fe joindre, en les faifant
fe préfenter diverfement les unes
aux autres.

J'ai cherché plufieurs fois avec un
excellent microfcope, s'il n'y avoit
point des animaux femblables dans
la liqueur que la femme répand. Je
n'y en ai point vû. Mais je ne vou-
drois pas affûrer pour cela, qu'il n'y

en

en eût pas. Outre la liqueur que je regarde comme prolifique dans les femmes , qui n'eſt peut-être qu'en fort petite quantité , & qui peut-être demeure dans la matrice ; elles en répandent d'autres ſur leſquelles on peut ſe tromper ; & mille circonſtances rendront toûjours cette expérience douteuſe. Mais quand il y auroit des animaux dans la ſemence de la femme , ils n'y feroient que le même office qu'ils font dans celle de l'homme. Et s'il n'y en a pas , ceux de l'homme ſuffiſent apparemment pour agiter & pour mêler les deux liqueurs.

Que cet uſage auquel nous imaginons que les animaux ſpermatiques pourroient être deſtinés , ne vous

 étonne

étonne point : la nature outre ſes agens principaux pour la production de ſes ouvrages, emploie quelquefois des miniſtres ſubalternes. Dans les Iſles de l'Archipel, on éleve avec grand ſoin, une eſpece de moucherons qui travaillent à la fécondation des figues. *

* Voyez le Voyage du Lev. de Tourneforr.

FIN

DE LA PREMIERE PARTIE.

VARIETÉS

DANS

L'ESPECE HUMAINE.

N iv

SECONDE PARTIE.

VARIETÉS

DANS

L'ESPECE HUMAINE.

CHAPITRE PREMIER.

Distribution des différentes races d'hommes selon les différentes parties de la terre.

S I les premiers hommes blancs qui en virent des noirs, les avoient trouvés dans les forêts, peut-être

ne

ne leur auroient - ils pas accordé le nom d'hommes. Mais ceux qu'on trouva dans de grandes villes, qui étoient gouvernés par de sages Reines, * qui faisoient fleurir les Arts & les Sciences ; dans des tems où presque tous les autres peuples étoient des barbares ; ces Noirs-là, auroient bien pû ne pas vouloir regarder les Blancs comme leurs freres.

Depuis le Tropique du Cancer jusqu'au Tropique du Capricorne l'Afrique n'a que des habitans noirs. Non - seulement leur couleur les distingue, mais ils different des autres hommes par tous

* Diodor. de Sicile. *Liv.* III.

les

les traits de leur visage : des nez larges & plats, de grosses levres, & de la laine au lieu de cheveux, paroissent constituer une nouvelle espece d'hommes. *

Si l'on s'éloigne de l'Equateur vers le Pole Antarctique, le Noir s'éclaircit, mais la laideur demeure : on trouve ce vilain peuple qui habite la pointe méridionale de l'Afrique. **

Qu'on remonte vers l'Orient : on verra des peuples dont les

* *Æthiopes maculant Orbem, tenebrisque figurant,*
Per fuscas hominum gentes.
Manil. Lib. IV. vers. 723.
** LES HOTTENTÔTS.

traits

traits fe radouciffent , & deviennent plus réguliers , mais dont la
couleur eft auffi noire que celle
qu'on trouve en Afrique.

Après ceux-là un grand peuple
bafanné eft diftingué des autres
peuples par des yeux longs, étroits
& placés obliquement.

Si l'on paffe dans cette vafte partie du monde qui paroît féparée
de l'Europe , de l'Afrique & de
l'Afie , on trouve , comme on peut
croire , bien de nouvelles variétés.
Il n'y a point d'hommes blancs :
cette terre peuplée de nations
rougeâtres & bafannées de mille
nuances , fe termine vers le Pole
Antarctique par un Cap & des Ifles
habitées,

(157)

habitées, dit-on, par des Géans. Si l'on en croit les relations de plusieurs Voyageurs, on trouve à cette extrémité de l'Amérique une race d'hommes dont la hauteur est presque double de la nôtre.

Avant que de sortir de notre continent, nous aurions pû parler d'une autre espece d'hommes bien différens de ceux-ci. Les habitans de l'extrémité Septentrionale de l'Europe font les plus petits de tous ceux qui nous font connus: les Lapons du côté du Nord, les Patagons du côté du Midi paroissent les termes extrèmes de la race des hommes.

Je ne finirois point, si je parlois

lois des habitans des îles qu'on rencontre dans la mer des Indes, & de celles qui font dans ce vaste Océan, qui remplit l'intervalle entre l'Asie & l'Amérique. Chaque peuple, chaque nation y a sa forme comme sa langue. *

Si l'on parcouroit toutes ces îles, on trouveroit peut-être dans quelques-unes des habitans bien plus embarrassans pour nous que les Noirs ; auxquels nous aurions bien de la peine à refuser ou à donner le

---

* *Adde sonos totidem vocum, totidem infere linguas,*

Et mores pro forte pares, ritusque locorum.

Manil. Lib. IV. verf. 731.

nom

nom d'hommes. Les habitans des forêts de Borneo dont parlent quelques Voyageurs, si semblables d'ailleurs aux hommes; en pensent-ils moins pour avoir des queues de singes ? Et ce qu'on n'a fait dépendre ni du blanc ni du noir, dépendra-t-il du nombre des vertebres ?

Dans cet Istme qui sépare la mer du Nord de la mer pacifique, on dit * qu'on trouve des hommes plus blancs que tous ceux que nous connoissons : leurs cheveux seroient pris pour la laine la plus blanche ; leurs yeux trop foibles pour la lu-

* Voyage de Wafer, description de l'Istme de l'Amérique.

miere

miere du jour, ne s'ouvrent que dans l'obſcurité de la nuit. Ils ſont dans le genre des hommes ce que ſont parmi les oiſeaux, les chauve-ſouris & les hiboux. Quand l'aſtre du jour a diſparu, & laiſſé la nature dans le deuil & dans le ſilence; quand tous les autres habitans de la terre accablés de leurs travaux, ou fatigués de leurs plaiſirs, ſe livrent au ſommeil; le Darien s'é-veille, loue ſes Dieux, ſe réjoüit de l'abſence d'une lumiere inſup-portable, & vient remplir le vuide de la nature. Il écoute les cris de la chouette avec autant de plaiſir que le berger de nos contrées en-tend le chant de l'aloüette, lorſqu'à

la

la premiere Aube, hors de la vûe
de l'épervier elle semble aller chercher dans la nue le jour qui n'est
pas encore sur la terre : elle mar-
que par le battement de ses ailes,
la cadence de ses ramages ; elle
s'éleve & se perd dans les airs ;
on ne la voit plus , qu'on l'entend
encore : ses sons qui n'ont plus rien
de distinct , inspirent la tendresse &
la rêverie ; ce moment réunit la
tranquillité de la nuit avec les plaisirs du jour. Le Soleil paroît : il
vient rapporter sur la terre le mouvement & la vie , marquer les heures , & destiner les différens travaux
des hommes. Les Dariens n'ont
pas attendu ce moment : ils sont

O déja

déja tous retirés. Peut-être en trouve-t-on encore à table quelques-uns qui après avoir accablé leur estomac de ragouts, épuisent leur esprit en traits & en pointes. Mais le seul homme raisonnable qui veille, est celui qui attend midi pour un rendez-vous : c'est à cette heure, c'est à la faveur de la plus vive lumiere qu'il doit tromper la vigilance d'une mere, & s'introduire chez sa timide amante.

Le phénomene le plus remarquable, & la loi la plus constante, sur la couleur des habitans de la terre, c'est que toute cette large bande qui ceint le globe d'Orient en Occident, qu'on appelle la Zone torride,

ride , n'eſt habitée que par des peuples noirs , ou fort baſannés. Malgré les interruptions que la mer y cauſe , qu'on la ſuive à travers l'Afrique , l'Aſie & l'Amérique ; ſoit dans les iſles , ſoit dans les continens , on n'y trouve que des nations noires : car ces hommes nocturnes dont nous venons de parler , & quelques blancs qui naiſſent quelquefois , ne méritent pas qu'on faſſe ici d'exception.

En s'éloignant de l'équateur , la couleur des peuples s'éclaircit par nuances. Elle eſt encore fort brune au de-là du Tropique ; & l'on ne la trouve tout-à-fait blanche que lorſqu'on s'avance dans la Zone

O ij tempérée.

tempérée. C'est aux extrémités de cette Zone qu'on trouve les peuples les plus blancs. La Danoise aux cheveux blonds éblouit par sa blancheur le voyageur étonné : il ne sauroit croire que l'objet qu'il voit, & l'Afriquaine qu'il vient de voir, soient deux femmes.

Plus loin encore vers le Nord, & jusques dans la Zone glacée, dans ce pays que le Soleil ne daigne pas éclairer en hiver ; où la terre, plus dure que le soc, ne porte aucunes des productions des autres pays ; dans ces affreux climats, on trouve des teints de lis & de roses. Riches contrées du midi, terres du Pérou & du Potosi, formez

formez l'or dans vos mines , je n'irai point l'en tirer ; Golconde , filtrez le fuc précieux qui forme les diamans & les rubis ; il n'embelli-ront point vos femmes , & font inu-tiles aux nôtres. Qu'ils ne fervent qu'à marquer tous les ans le poids & la valeur d'un Monarque.* im-bécille qui pendant qu'il eft dans cette ridicule balance perd fes Etats & fa liberté.

Mais dans ces contrées extrê-

---

* Le Grand Mogol fe fait pefer tous les ans : & les poids qu'on met dans la balance , font des diamans & des rubis. Il vient d'être déthroné par Kouli-Can , & réduit à être Vaffal des Rois de Perfe.

mes, où tout eſt blanc & où tout eſt noir, n'y a-t-il pas trop d'uniformité? Et le mélange ne produiroit-il pas des beautés nouvelles? C'eſt ſur les bords de la Seine qu'on trouve cette heureuſe variété. Dans les Jardins du Louvre, un beau jour de l'Eté, vous verrez tout ce que la terre entiere peut produire de merveilles.

Une brune aux yeux noirs brille de tout le feu des beautés du midi; des yeux bleus adouciſſent les traits d'une autre : ces yeux portent par-tout où ils ſont les charmes de la blonde. Des cheveux châtains paroiſſent être ceux de la Nation. La Françoiſe n'a ni la vivacité de

celles

celles que le Soleil brûle, ni la langueur de celles qu'il n'échauffe pas : mais elle a tout ce qui les fait plaire. Quel éclat accompagne celle-ci ! Elle paroît faite d'albâtre, d'or & d'azur : j'aime en elle jusqu'aux erreurs de la Nature, lorsqu'elle a un peu outré la couleur de ses cheveux. Elle a voulu la dédommager par une nouvelle teinte de blanc d'un tort qu'elle ne lui a point fait. Beautés qui craignez que ce soit un défaut, n'ayez point recours à la poudre ; laissez s'étendre les roses de votre teint ; laissez-les porter la vie jusques dans vos cheveux. . . J'ai vû des yeux verds dans cette foule de beautés, & je les reconnoissois

noiffois de loin : ils ne reffem-
bloient ni à ceux des nations du
Midi, ni à ceux des nations du
Nord.

Dans ces Jardins délicieux, le
nombre des beautés furpaffe celui
des fleurs : & il n'en eft point qui
aux yeux de quelqu'un ne l'em-
porte fur toutes les autres. Cueillez
de ces fleurs, mais n'en faites pas
des bouquets : voltigez, amans,
parcourez-les toutes, mais revenez
toûjours à la même, fi vous vou-
lez goûter des plaifirs qui remplif-
fent votre cœur.

CHAP.

CHAPITRE II.

*Explication du Phénomene des diffé-
rentes couleurs, dans les Syſtèmes
des Oeufs & des Vers.*

TOus ces peuples que nous venons de parcourir, tant d'hommes
divers, ſont-ils ſortis d'une même
mere ? Il ne nous eſt pas permis
d'en douter.

Ce qui nous reſte à examiner,
c'eſt comment d'un ſeul individu,
il a pû naître tant d'eſpeces ſi différentes. Je vais haſarder ſur cela
quelques conjectures.

Si les hommes ont été d'abord

P   tous

tous formés d'œuf en œuf, il y
auroit eu dans la premiere mere,
des œufs de différentes couleurs qui
contenoient des fuites innombrables
d'œufs de la même efpece, mais qui
ne devoient éclorre que dans leur
ordre de développement après un
certain nombre de générations,
& dans les tems que la Providence
avoit marqués pour l'origine des
peuples qui y étoient contenus.
Il ne feroit pas impoffible qu'un
jour la fuite des œufs blancs qui
peuplent nos régions, venant à
manquer, toutes les nations Euro-
péennes changeaffent de couleur : comme il ne feroit pas impoffible auffi que la fource des
œufs

œufs noirs étant épuisée , l'Ethiopie n'eût plus que des habitans blancs. C'est ainsi que dans une carriere profonde , lorsque la veine de marbre blanc est épuisée , l'on ne trouve plus que des pierres de différentes couleurs qui se succedent les unes aux autres : c'est ainsi que des races nouvelles d'hommes peuvent paroître sur la terre , & que les anciennes peuvent s'éteindre.

Si l'on admettoit le système des vers ; si tous les hommes avoient d'abord été contenus dans ces animaux qui nageoient dans la semence du premier homme , on diroit des vers , ce que nous venons de dire des œufs : le Ver pere des

P ij　Negres

Negres contenoit de ver en ver
tous les habitans de l'Ethiopie ; le
ver Darien , le ver Hottentôt , &
le ver Patagon avec tous leurs def-
cendans étoient déja tous formés ,
& devoient peupler un jour les parties de la terre où l'on trouve ces
peuples.

CHAPITRE III.

Productions de nouvelles especes.

CEs fyftèmes des œufs & des
vers ne font peut-être que trop com-
modes pour expliquer l'origine des
Noirs & des Blancs : ils expli-
queroient

queroient même comment des efpeces différentes pourroient être for-
ties de mêmes individus. Mais on
a vû dans la differtation précédente
quelles difficultés , on peut faire
contre.

Ce n'eft point au blanc & au noir
que fe réduifent les variétés du genre humain : on en trouve mille autres ; & celles qui frappent le plus
notre vûe , ne coûtent peut-être pas
plus à la Nature que celles que nous
n'appercevons qu'à peine. Si l'on pouvoit s'en affûrer par des expériences
décifives , peut - être trouveroit-on
auffi rare de voir naître avec des
yeux bleus un enfant dont tous les
ancêtres auroient eu les yeux noirs ,

P iij   qu'il

qu'il l'eſt de voir naître un enfant blanc de parens negres.

Les enfans d'ordinaire reſſemblent à leurs parens : & les variétés même avec leſquelles ils naiſſent, ſont ſouvent des effets de cette reſſemblance. Ces variétés, ſi on les pouvoit ſuivre, auroient peut-être leur origine dans quelqu'ancêtre inconnu. Elles ſe perpétuent par des générations répétées d'individus qui les ont ; & s'effacent par des générations d'individus qui ne les ont pas. Mais, ce qui eſt peut-être encore plus étonnant c'eſt, après une interruption de ces variétés, de les voir reparoître ; de voir l'enfant qui ne reſſemble ni à ſon pere ni à ſa mere ,

mere , naître avec les traits de fon ayeul. Ces faits , tout merveilleux qu'ils font , font trop fréquens pour qu'on les puiffe révoquer en doute.

La Nature contient le fonds de toutes ces variétés : mais le hafard ou l'art les mettent en œuvre. C'eft ainfi que ceux dont l'induftrie s'applique à fatisfaire le goût des curieux , font , pour ainfi dire , créateurs d'efpeces nouvelles. Nous voyons paroître des races de chiens , de pigeons, de ferins qui n'étoient point auparavant dans la nature. Ce n'ont été d'abord que des individus fortuits ; l'art & les générations répétées en ont fait des efpeces. Le fameux Lyonnois créoit tous les ans

quel-

quelqu'efpece nouvelle , & détruifoit
celle qui n'étoit plus à la mode. Il
corrigeoit les formes , & varioit les
couleurs : il a inventé les efpeces
de l'*Arlequin* , du *Mopfe* , &c.

Pourquoi cet art fe borne-t-il aux
animaux ? Pourquoi ces Sultans bla-
fés dans des ferrails qui ne renfer-
ment que des femmes de toutes les
efpeces connues , ne fe font-ils pas
faire des efpeces nouvelles ? Si j'é-
tois réduit comme eux au feul plaifir que peuvent donner la forme
& les traits , j'aurois bientôt recours à ces variétés. Mais quelque
belles que fuffent les femmes qu'on
leur feroit naître , ils ne connoî-
troient jamais que la plus petite partie

tie des plaisirs de l'amour , tandis qu'ils ignoreront ceux que l'esprit & le cœur peuvent faire goûter.

Si nous ne voyons pas se former parmi nous de ces especes nouvelles de beautés , nous ne voyons que trop souvent des productions qui pour le Physicien sont du même genre ; des races de louches , de boi-teux , de goutteux , de phtisiques : & malheureusement il ne faut pas pour leur établissement une longue suite de générations. Mais la sage nature , par le dégoût qu'elle a inspiré pour ces défauts , n'a pas voulu qu'ils se perpétuassent : les beautés sont plus sûrement héréditaires , la taille & la jambe que nous admirons , sont

l'ouvrage

(178)

l'ouvrage de plusieurs générations ,
où l'on s'est appliqué à les former.

Un Roi du nord est parvenu à élever & embellir sa nation. Il avoit
un goût excessif pour les hommes
de haute taille & de belle figure :
il les attiroit de par-tout dans son
royaume : la fortune rendoit heureux tous ceux que la nature avoit
formés grands. On voit aujourd'hui
un exemple singulier de la puissance
des Rois. Cette nation se distingue
par les tailles les plus avantageuses
& par les figures les plus régulieres.
C'est ainsi qu'on voit s'élever une
forêt au dessus de tous les bois qui
l'environnent , si l'œil attentif du
maître s'applique à y cultiver des
arbres

arbres droits & bien choifis. Le chêne & l'orme parés des feuillages les plus verds , pouffent leurs branches jufqu'au ciel : l'aigle feule en peut atteindre la cime. Le fucceffeur de ce Roi embellit aujourd'hui la forêt par les lauriers , les myrtes & les fleurs.

Les Chinois fe font avifés de croire qu'une des plus grandes beautés des femmes , feroit d'avoir des piés fur lefquels elles ne puffent pas fe foûtenir. Cette nation fi attachée à fuivre en tout les opinions , & le goût de fes ancêtres , eft parvenue à avoir des femmes avec des piés ridicules. J'ai vû des mules de Chinoifes , où nos femmes n'auroient pû faire entrer

trer qu'un doigt de leur pié. Cette beauté n'eſt pas nouvelle. Pline d'après Eudoxe parle d'une nation des Indes dont les femmes avoient le pié ſi petit, qu'on les appelloit piés-d'autruches. * Il eſt vrai qu'il ajoûte que les hommes avoient le pié long d'une coudée : mais il eſt à croire que la petiteſſe du pié des femmes a porté à l'exageration ſur la grandeur de celui des hommes. Cette nation n'étoit-elle point celle des Chinois, peu connue alors ? Au reſte on ne doit pas attribuer à la Nature ſeule la petiteſſe du pié des Chinoiſes : pendant les premiers tems de leur enfance, on tient leurs piés ſerrés

* C. Plin. Hiſt. Natur. Lib. 7. Cap. 2.

pour

pour les empêcher de croître. Mais il y a grande apparence que les Chinoiſes naiſſent avec des piés plus petits que les femmes des autres nations. C'eſt une remarque curieuſe à faire & qui mérite l'attention des voyageurs.

Beauté fatale, déſir de plaire, quels déſordres ne cauſez-vous pas dans le monde ! Vous ne vous bornez pas à tourmenter nos cœurs : vous changez l'ordre de toute la Nature. La jeune Françoiſe qui ſe moque de la Chinoiſe, ne la blâme que de croire qu'elle en ſera plus belle en ſacrifiant la grace de la démarche à la petiteſſe du pié : car au fond elle ne trouve pas que ce ſoit payer trop

cher

cher quelque charme que de l'acqué-
rir par la torture & la douleur. Elle-
même dès son enfance a le corps
enfermé dans une boîte de baleine,
ou forcé par une croix de fer, qui
la gêne plus que toutes les bandelet-
tes qui serrent le pié de la Chinoise.
Sa tête hérissée de papillotes pendant
la nuit, au lieu de la mollesse de
ses cheveux, ne trouve pour s'ap-
puyer que les pointes d'un papier
dur : elle y dort tranquillement,
elle se repose sur ses charmes.

CHAP.

CHAPITRE IV.

Des Negres - blancs.

J'Oublierois volontiers ici le phénomene que j'ai entrepris d'expliquer : j'aimerois bien mieux m'occuper du réveil d'Iris que de parler du petit monftre dont il faut que je vous faffe l'hiftoire.

C'eft un enfant de 4. ou 5. ans qui a tous les traits des Negres , & dont une peau très-blauche & blafarde ne fait qu'augmenter la laideur.* Sa tête eft couverte d'une laine blanche tirant fur le roux. Ses yeux d'un bleu

* Il fut apporté à Paris en 1744.

clair

clair paroiffent bleffés de l'éclat du jour. Ses mains groffes & mal faites reffemblent plûtôt aux pattes d'un animal qu'aux mains d'un homme. Il eft né à ce qu'on affure de pere & mere Afriquains , & très-noirs.

L'Académie des Sciences deParis fait mention * d'un monftre pareil qui étoit né à Surinam , de race Afriquaine.Sa mere étoit noire & affûroit que le pere l'étoit auffi. L'Hiftorien de l'Académie paroît révoquer ce dernier fait en doute ; ou plûtôt paroît perfuadé que le pere étoit un Negre-blanc : mais je ne crois pas que cela fût néceffaire : il fuffifoit

* Hift. de l'Acad. Royal. des Sc. 1734.

que

que cet enfant eût quelque Negre-
blanc parmi fes ayeux , ou peut-être
étoit-il le premier Negre-blanc de fa
race.

Madame la Comteffe de V ＊ ＊ qui
a un cabinet rempli de curiofités les
plus merveilleufes de la nature , mais
dont l'efprit s'étend bien au-delà ;
a le portrait d'un Negre de cette
efpece , quoique celui qu'il repré-
fente , qui eft actuellement en Ef-
pagne & que Mylord M ＊ ＊ m'a dit
avoir vû , foit bien plus âgé que
celui qui eft à Paris , on lui voit le
même teint , les mêmes yeux , la
même phyfionomie.

On m'a affûré qu'on trouvoit au
Senegal des familles entieres de cet-

te efpece ; & que dans les familles noires , il n'étoit ni fans exemple ni même fort rare de voir naître des Negres-blancs.

L'Amérique & l'Afrique ne font pas les feules parties du monde , où l'on trouve de ces fortes de monf- tres : l'Afie en produit auffi. Un homme auffi diftingué par fon mé- rite , que par la place qu'il a occupée dans les Indes Orientales , mais fur- tout refpectable par fon amour pour la vérité , M. du Mas , a vû parmi les Noirs , des blancs dont la blan- cheur fe tranfmettoit de pere en fils. Il a bien voulu fatisfaire fur cela ma curiofité. Il regarde cette blancheur comme une maladie de la

peau ;

(187)

peau ; * c’eſt ſelon lui un accident ,
mais un accident qui ſe perpétue &
qui ſubſiſte pendant pluſieurs générations.

J’ai été charmé de trouver les
idées d’un homme auſſi éclairé , conformes à celles que j’avois ſur ces
eſpeces de monſtres. Car qu’on
prenne cette blancheur pour une maladie , ou pour tel accident qu’on
voudra , ce ne ſera jamais qu’une
variété héréditaire qui ſe confirme
ou s’efface par une ſuite de générations.

Ces changemens de couleur ſont

* Ou plûtôt de la Membrane Réticulai-
re, qui eſt la partie de la peau dont la
teinte fait la couleur des Noirs.

Q ij plus

plus fréquens dans les animaux que dans les hommes. La couleur noire est aussi inhérente aux corbeaux & aux merles, qu'elle l'est aux Negres : j'ai cependant vû plusieurs fois des merles & des corbeaux blancs. Et ces variétés formeroient vraissem-blablement des especes si on les cultivoit. J'ai vû des contrées où toutes les poules étoient blan-ches. La blancheur de la peau liée d'ordinaire avec la blancheur de la plume a fait préférer ces poules aux autres ; & de génération en génération, on est parvenu à n'en voir plus éclorre que de blanches.

Au reste il est fort probable que la différence du blanc au noir si sensi-

ble

ble à nos yeux eſt fort-peu de choſe pour la nature. Une légere altération à la peau du cheval le plus noir y fait croître du poil blanc, ſans aucun paſſage par les couleurs intermédiaires.

Si l'on avoit beſoin d'aller chercher ce qui arrive dans les plantes pour confirmer ce que je dis ici ; ceux qui les cultivent vous diroient que toutes ces eſpeces de plantes & d'arbriſſeaux pennachés qu'on admire dans nos jardins, ſont dûes à des variétés devenues héréditaires qui s'effacent ſi l'on néglige d'en prendre ſoin. *

* *Vidi lecta diu, & multo ſpectata labore,*
Degenerare tamen: ni vis humanaquot annis
Maxima quæque manu legeret :
      Virg. Georg. Lib. 2.

CHAPITRE V.

Essai d'explication des Phénomenes précédens.

POur expliquer maintenant tous ces Phénomenes : la production des variétés accidentelles ; la succession de ces variétés d'une génération à l'autre ; & enfin l'établissement ou la destruction des especes : voici ce me semble ce qu'il faudroit supposer. Si ce que je vais vous dire vous révolte, je vous prie de ne le regarder que comme un effort que j'ai fait pour vous satisfaire. Je n'espere point vous donner des explications complettes de Phénomenes si difficiles :

ciles : ce sera beaucoup pour moi si je conduis ceux-ci jusqu'à pouvoir être liés avec d'autres Phénomenes dont ils dépendent.

Il faut donc regarder comme des faits qu'il semble, que l'expérience nous force d'admettre.

1°. *Que la liqueur séminale de chaque espece d'animaux contient une multitude innombrable de parties propres à former par leurs assemblages des animaux de la même espece.*

2°. *Que dans la liqueur séminale de chaque individu, les parties propres à former des traits semblables à ceux de cet individu, sont celles qui d'ordinaire sont en plus grand nombre, & qui ont le plus d'affinité ;*

*   quoiqu'il

quoiqu'il y en ait beaucoup d'autres pour des traits différens.

3°. *Quant à la maniere dont se formeront dans la semence de chaque animal des parties semblables à celles de cet animal : ce seroit une conjecture bien hardie, mais qui ne seroit peut-être pas destituée de toute vraissemblance, que de penser que chaque partie fournit ses germes.* L'expérience pourroit peut-être éclaircir ce point, si l'on essayoit pendant long-tems de mutiler quelques animaux de génération en génération ; peut-être verroit-on les parties retranchées diminuer peu à peu ; peut-être les verroit-on à la fin s'anéantir.

Les

Les suppositions précédentes paroissant nécessaires, & étant une fois admises, il semble qu'on pourroit expliquer tous les Phénomenes que nous avons vûs ci-dessus.

Les parties analogues à celles du pere & de la mere, étant les plus nombreuses, & celles qui ont le plus d'affinité, seront celles qui s'uniront le plus ordinairement : & elles formeront des animaux semblables à ceux dont ils seront sortis.

Le hasard, ou la disette des traits de famille feront quelquefois d'autres assemblages : & l'on verra naître de parens noirs un enfant blanc ; ou peut-être même un noir, de parens blancs, quoique ce dernier Phénomene soit beaucoup plus rare que l'autre.

Je ne parle ici que de ces naissances singulieres où l'enfant né d'un pere & d'une mere de même espece auroit des traits qu'il ne tiendroit point d'eux : car dès qu'il y a mélange d'especes, l'expérience nous apprend que l'enfant tient de l'une & de l'autre.

Ces unions extraordinaires des parties qui ne sont pas les parties analogues à celles des parens, sont véritablement des monstres pour le téméraire qui veut expliquer les merveilles de la Nature. Ce ne sont que des beautés pour le sage qui se contente d'en admirer le spectacle.

Ces productions ne sont d'abord qu'accidentelles : les parties originai-

res

res des ancêtres fe retrouvent encore les plus abondantes dans les femen-ces : après quelques générations , ou dès la génération fuivante , l'efpece originaire reprendra le deffus ; & l'enfant au lieu de reffembler à fes pere & mere reffemblera à des an-cêtres plus éloignés. * Pour faire des efpeces des races qui fe perpé-tuent, il faut vraiffemblablement que ces générations foient répétées plu-fieurs fois ; il faut que les parties propres à faire les traits originaires, moins nombreufes à chaque généra-tion fe diffipent, ou reftent en fi pe-

* C'eft ce qui arrive tous les jours dans les familles. Un enfant qui ne reffemble ni à fon pere ni à fa mere, reffemblera à fon ayeul.

R ij

tlt nombre qu'il faudroit un nouveau
hafard pour réproduire l'efpece originaire.

Au refte quoique je fuppofe ici
que le fond de toutes ces variétés fe
trouve dans les liqueurs féminales
mêmes , je n'exclus pas l'influence
que le climat & les alimens peuvent
y avoir. Il femble que la chaleur de
la Zone torride foit plus propre à fo-
menter les parties qui rendent la
peau noire, que celles qui la rendent
blanche : & je ne fai jufqu'où peut
aller cette influence du climat ou des
alimens , après de longues fuites de
fiecles.

Ce feroit affûrement quelque chofe qui mériteroit bien l'attention des
Philofophes

Philosophes, que d'éprouver si cer-
nes singularités artificielles des animaux ne passeroient pas après plusieurs générations aux animaux qui
naîtroient de ceux-là. Si des queues
ou des oreilles coupées de génération en génération ne diminueroient
pas , ou même ne s'anéantiroient
pas à la fin.

Ce qu'il y a de sûr , c'est que
toutes les variétés qui pourroient
caractériser des especes nouvelles
d'animaux & de plantes , tendent à
s'éteindre : ce sont des écarts de la
nature dans lesquels elle ne persé-
vere que par l'art ou par le régime. Ses ouvrages tendent toûjours à
reprendre le dessus.

R iij * CHAP.

CHAPITRE VI.

Qu'il est beaucoup plus rare qu'il naisse des enfans noirs de parens blancs , que de voir naître des enfans blancs de parens noirs. Que les premiers parens du genre humain étoient blancs. Difficulté sur l'origine des noirs levée.

DE ces naissances subites d'enfans blancs au milieu de peuples noirs on pourroit peut-être conclurre que le blanc est la couleur primitive des hommes ; & que le noir n'est qu'une variété devenue hérédi-taire depuis plusieurs siecles , mais

qui

qui n'a point entierement effa-
cé la couleur blanche qui tend toûjours à reparoître. Car on ne voit
point arriver le Phénomene oppofé :
l'on ne voit point naître d'ancêtres
blancs des enfans noirs.

Je fai qu'on a prétendu que ce prodige étoit arrivé en France: mais il eft
fi deftitué de preuves fuffifantes qu'on
ne peut raifonnablement le croire. Le
goût de tous les hommes pour le merveilleux doit toûjours rendre fufpects
les prodiges lorfqu'ils ne font pas in-
vinciblement conftatés. Un enfant
naît avec quelque difformité , les
femmes qui le reçoivent en font auffi-
tôt un monftre affreux : fa peau eft
plus brune qu'à l'ordinaire , c'eft un

R iv   Negre.

Negre. Mais tous ceux qui ont vû
naître les enfans Negres, favent qu'ils
ne naiffent point noirs ; & que dans
les premiers tems de leur vie, l'on
auroit peine à les diftinguer des autres enfans. Quand donc dans une
famille blanche il naîtroit un enfant negre , il demeureroit long-
tems incertain qu'il le fût : on ne
penferoit point d'abord à le cacher ,
& l'on ne pourroit dérober , du moins
les premiers mois de fon exiftence ,
à la notoriété publique , ni cacher en-
fuite ce qu'il feroit devenu ; fur-tout
fi l'enfant appartenoit à des parens
confidérables. Mais le Negre qui naîtroit parmi le peuple , lorfqu'il auroit
une fois pris toute fa noirceur, fes parens

rens ne pourroient ni ne voudroient le cacher : ce seroit un prodige que la curiosité du public leur rendroit utile ; & la plûpart des gens du peuple aimeroient autant leur fils noir que blanc.

Or si ces prodiges arrivoient quelquefois, la probabilité qu'ils arriveroient plûtôt parmi les enfans du peuple que parmi les enfans des grands, est immense, & dans le rapport de la multitude du peuple ; pour un enfant noir d'un grand Seigneur, il faudroit qu'il naquît mille enfans noirs parmi le peuple. Et comment ces faits pourroient-ils être ignorés ; comment pourroient-ils être douteux ?

S'il

S'il naît des enfans blancs parmi les peuples noirs ; fi ces phénomenes ne font pas même fort rares parmi les peuples peu nombreux de l'Afrique & de l'Amérique ; combien plus fouvent ne devroit-il pas naître des Noirs parmi les peuples innombrables de l'Europe, fi la nature amenoit auffi facilement l'un & l'autre de ces hafards ? Et fi nous avons la connoiffance de ces phénomenes lorfqu'ils arrivent dans des pays fi éloignés, comment fe pourroit-il faire qu'on en ignorât de femblables s'ils arrivoient parmi nous ?

Il me paroît donc démontré que s'il naît des noirs de parens blancs, ces naiffances font incomparable-

ment

ment plus rares que les naiſſances d'enfans blancs de parens noirs.

Cela ſuffiroit peut-être pour faire penſer que le blanc eſt la couleur des premiers hommes ; & que ce n'eſt que par quelque accident que le noir eſt devenu une couleur héréditaire aux grandes familles qui peuplent la Zone torride ; parmi leſquelles cependant la couleur primitive n'eſt pas ſi parfaitement effacée qu'elle ne reparoiſſe quelquefois.

Cette difficulté donc ſur l'origine des Noirs tant rebattue & que quelques gens voudroient faire valoir contre l'hiſtoire de la Geneſe qui nous apprend que tous les peuples de la terre ſont ſortis d'un ſeul pere & d'une

ſeule

ſeule mere ; cette difficulté eſt levée
ſi l'on admet un ſyſtème qui eſt au
moins auſſi vraiſſemblable que tout
ce qu'on avoit imaginé juſqu'ici
pour expliquer la génération.

CHAPITRE VII.

*Conjecture pourquoi les Noirs ne ſe
trouvent que dans la Zone torride;
& les Nains & les Géans vers·les
Pôles.*

ON voit encore naître , & même
parmi nous d'autres monſtres qui
vraiſſemblablement ne ſont que des
combinaiſons fortuites des parties
des ſemences , ou des effets d'affini-
tés

tés trop puiſſantes ou trop foibles entre ces parties : des hommes d'une grandeur exceſſive , & d'autres d'une petiteſſe extrème ſont des eſpeces de monſtres , mais qui feroient des peuples ſi l'on s'appliquoit à les mul- tiplier.

Si ce que nous rapportent les voyageurs , des terres magellaniques & des extrémités ſeptentrionales du monde, eſt vrai ; ces races de Géans & de Nains s'y feroient établies ou par la convenance des climats , ou plûtôt , parce que dans les tems où elles commençoient à paroître , elles auroient été chaſſées dans ces régions par les autres hommes qui auroient craint ces Coloſſes ou mé- priſé ces pygmées.   Que

Que des Géans, que des Nains, que des noirs soient nés parmi les autres hommes, l'orgueil ou la crainte auront armé contre eux la plus grande partie du genre humain ; & l'espece la plus nombreuse aura relegué ces races difformes dans les climats de la terre les moins habitables. Les Nains se seront retirés vers le Pole arctique : les Géans auront été habiter les terres de Magellan ; les Noirs auront peuplé la Zone torride.

CHAP.

CHAPITRE DERNIER.

Conclusion de cet Ouvrage. Doutes & Questions.

JE n'espere pas que l'Ebauche de système que nous avons proposé pour expliquer la formation des Animaux, plaise à tout le monde : je n'en suis pas fort satisfait moi-même ; & n'y donne que le degré d'assentiment qu'elle mérite. Je n'ai fait que proposer des doutes & des conjectures. Pour découvrir quelque chose sur une matiere aussi obscure, voici quelques Questions qu'il

faudroit

faudroit auparavant refoudre, & que vraiffemblablement on ne refoudra jamais.

I.

Cet inftinƐt des Animaux qui leur fait rechercher ce qui leur convient, & fuir ce qui leur nuit, n'appartient-il point aux plus petites parties dont l'animal eft formé? Cet inftinƐt quoique difperfé dans les parties des femences, & moins fort dans chacune, qu'il ne l'eft dans tout l'animal, ne fuffit-il pas cependant pour faire les unions néceffaires entre ces parties? puifque nous voyons que dans les animaux tout formés, il fait mouvoir leurs membres. Car
quand

quand on diroit que c'eſt par une mechanique intelligible que ces mouvemens s'exécutent : quand on les auroit tous expliqués par les tenſions & les relâchemens que l'affluence, ou l'abſence des eſprits ou du ſang cauſent aux muſcles ; il faudroit toûjours en revenir au mouvement même des eſprits & du ſang qui obéit à la volonté. Et ſi la volonté n'eſt pas la vraie cauſe de ces mouvemens, mais ſimplement une cauſe occaſionnelle, ne pourroit-on pas penſer que l'inſtinct ſeroit une cauſe ſemblable des mouvemens & des unions des petites parties de la matiere? ou qu'en vertu de quelque harmonie préétablie, ces mouvemens

S

ſeroient

ſeroient toûjours d'accord avec les volontés?

II.

Cet inſtinct, comme l'eſprit d'une republique, eſt-il repandu dans toutes les parties qui doivent former le corps? ou, comme dans un Etat Monarchique, n'appartient-il qu'à quelque partie indiviſible.

Dans ce cas, cette partie ne ſeroit-elle pas ce qui conſtitue proprement l'eſſence de l'animal; pendant que les autres ne ſeroient que des enveloppes ou des eſpeces de vêtemens?

III.

A la mort cette partie ne ſurvivroit-elle pas? Et dégagée de toutes

les

(211)

les autres , ne conferveroit-elle pas inaltérablement fon effence ? toûjours prête à produire un animal , ou pour mieux dire , à reparoître revêtue d'un nouveau corps ? après avoir été diffipée dans l'air , ou dans l'eau , cachée dans les feuilles des plantes, ou dans la chair des animaux , fe conferveroit-elle dans la femence de l'animal qu'elle devroit reproduire ?.

IV.

Cette partie ne pourroit-elle jamais reproduire qu'un animal de la même efpece ? Ou ne pourroit-elle point produire toutes les efpeces poffibles , par la feule diverfité

des

*des combinaiſons des parties auſ
quelles elle s'uniroit ?* *

* Non omnis moriar ; multaque pars mei
Vitabit libitinam.

Q. Hor. Carm. Lib. III.

FIN

DE LA SECONDE PARTIE.

TABLE

TABLE
DES MATIERES.

PREMIERE PARTIE.

A.

—— Ils périssent quand la semence se refroidit à l'air ou s'évapore. *Ibid. & suiv.*

—— Quel en peut être l'usage. *p 147. & suiv.*

—— Ceux-là seuls parviendront à un état de perfection qui rencontreront dans la matrice quelque cavité propre à les recevoir & à les nourrir. *p. 38. 39.*

—— Ils peuvent être comparés à ces insectes qui éprouvent pendant leur vie une ou plusieurs métamorphoses, du moins apparentes. *p. 40. & suiv.*

—— Spermatiques conciliés avec le système des œufs. *p. 44. & suiv.*

ATTRACTION, si on l'admet une fois, peut servir à expliquer la formation du fœtus. *p. 138. & suiv.*

C.

D.

DEMOISELLE. Le mâle & la femelle de cette espece d'insectes se laissent emporter dans les airs accouplés ensemble.   p. 78. *& suiv.*

Développemens dont les plantes fournissent des exemples, ont fait croire que ce pouvoit être aussi en se développant que le fœtus contenu dans un œuf parvenoit à prendre une figure distincte d'animal.   p. 18. *& suiv.* & p. 97. & 98.

—— Ne sont-ils pas une conséquence applicable à la génération des animaux ; rendent-ils la Physique plus claire?   P. 99.

E.

ENFANT, pendant les neuf mois qui précedent sa naissance, est en-

T

veloppé

F.

Maniere

G.

 deux

T iij

l'approche

O.

OEufs des animaux vivipares
　　regardés

—— M. Littre en trouve un dans la trompe, & croit reconnoître dans l'ovaire la place d'où il s'eft détaché. p. 48. 49.

Ovaire, deux corps blanchâtres formés de plufieurs véficules rondes remplies d'une liqueur femblable à du blanc d'œuf. p. 16.

—— Plufieurs Phyficiens ont pris ces véficules pour de véritables. œufs. p. 18.

—— Raifons de douter de la réalité de ces œufs. *Ibid.*

—— Appellé par plufieurs Phyficiens le tefticule de la femelle. p. 55.

—— M. Mery y a trouvé un grand nombre de ces cicatrices que M. Littre prenoit pour des marques d'œufs détachés & tombés dans la matrice. p. 49. 50.

—— Jamais Harvey n'y a trouvé d'altération. p. 55.

P.

Polype pousse d'autres Polypes comme un arbre pousse des branches. p. 93.

—— Coupé en morceaux, chaque partie devient un Polype complet. p. 95. & 96.

Puceron enfante d'autres pucerons sans accouplement. p. 91.

—— Il s'accouple aussi quand il veut. p. 92.

Pythagore se souvenoit, disoit-il, des différens états par où il avoit passé avant d'être Pythagore. not. au bas de la p. 3.

R.

Rapports, termes sous lesquels on déguise ce que d'autres Physiciens plus hardis appellent attraction. p. 137. & 138.

Reseau, tendu d'une *corne* de la matrice à l'autre, forme ensuite te une poche contenant une liqueur ſemblable à du blanc d'œuf, dans laquelle nage une autre enveloppe ſphérique remplie d'une liqueur cryſtalline. p. 59.

Reſſemblance de l'enfant tantôt au pere, tantôt à la mere, paroît détruire le ſyſtème des œufs & celui des animaux ſpermatiques. p. 125.

S.

SEMENCE d'animaux mâles obſervés au microſcope par Hartſoeker. p. 30.

—— Si la femelle peut concevoir ſans qu'il en ſoit entré dans la matrice. p. 23.

—— S'il y en entre quelquefois *Ibid.*

—— Ce qu'elle devient dans le ſyſtème de ceux qui croient qu'elle n'y entre pas. p. 24.

Jamais

——— Jamais Harvey n'en a trouvé dans la matrice.   p. 55.

——— Il ne croit pas même qu'elle y entre.   p. 58.

——— De ce qu'Harvey n'a jamais trouvé celle du cerf dans la matrice de la Biche, a-t-il été en droit de conclurre qu'elle n'y entroit pas.   p. 127.

——— L'expérience de Verheyen prouve qu'elle y entre. *Ibid. & suiv.*

T.

TAUREAU ne perd pas le tems en caresses inutiles.   p. 78

THORAX & abdomen sont ajoûtés aux parties internes du fœtus comme un toit à l'édifice. p. 61.

TOURTERELLES : leurs amours.
                                    p. 78.

TROMPES. Ce que c'est : qui est-ce qui les a décrites le premier.

mſier. p. 16. & 17.

V.

VAGIN, canal au fond duquel
eſt la matrice p. 12. & 13.
  VIE : Il ſeroit plus raiſonnable
de ſonger à en joüir que d'en perdre les momens à chercher ce qui
l'a précédée ou ce qui doit la ſuivre. p. 1. & 2.

TABLE

TABLE
DES MATIERES.

___

SECONDE PARTIE.

___

A.

ſi

fi elle ne peut produire qu'un animal de même espéce. p. 210. 211.

AMERIQUE n'a point d'habitans
blancs : ils font tous bafannés , les
uns plus , les autres moins. p. 156.
—— Si ce n'eft pourtant dans l'If-
thme de Panama. Voyez Dariens.

B.

BLANCHEUR paroît être la couleur primitive des hommes. p. 199.
—— Accidentelle aux Noirs. p. 187.

BLANCS nés de parens noirs plus
fréquens que noirs nés de pa-
rens blancs.   p. 201. 204.

BORNEO , forêt dans cette île ,
habitée par des hommes qui ont
des queues de finges.   p. 159.

C.

Y est.

est fort peu de chose pour la nature. p. 188. & suiv.

E.

ÉQUATEUR : à mesure qu'on s'en
éloigne, on trouve que la couleur
des peuples s'éclaircit par nuances.
p. 155.

ETABLISSEMENT des grands &
des petits hommes dans certains
pays, déterminé par la convenance des climats, ou peut-être parce
qu'ils y auront été chassés. p. 206.

H.

HOTTENTÔTS. p. 155.

I.

ISLES dans la mer des Indes peu-
plées d'habitans différens dans chacune,

V ij mention

mention d'un pareil negre. p. 184.

—— Autre dont le portrait eſt chez Me. la C. de V. & l'original en Eſpagne. p. 185.

—— Dans quelques familles de negres, les blancs ſe perpétuent. *Ibid. & ſuiv.*

Noirs. C'eſt la couleur de tous les habitans de la Zone. torride. p. 154.162..

—— Ceux qui s'éloignent de l'équateur, ſont d'un noir moins foncé. p. 155.

—— A l'Orient de l'Afrique, les peuples ont les traits moins durs : mais ne ſont pas moins noirs que les Africains. *Ibid. & ſuiv.*

Noirs nés de parens blancs plus rares que blancs nés de parens noirs. p. 199. 203. *& ſuiv.*

Noirs ne naiſſent point tels : ils le deviennent en croiſſant. p. 201.

—— S'il en naiſſoit de parens blancs,

blancs , il feroit difficile de cacher ce Phénomene. *Ibid. & fuiv.*

O.

OEUFS , il faut fuppofer qu'il
y en avoit de différentes couleurs
dans la premiere mere du genre humain , & qu'ils fe font perpétués
ainfi chacun dans la fienne ; fi l'on
explique la formation de l'homme
par le fyftème des œufs. p. 169. &
fuiv.

P.

PATAGONS habitans du fond
de l'Amérique vers le Pôle antarctique , dont la hauteur eft prefque
double de la nôtre. p. 157.

Q.

QUEUES ou oreilles coupées à
des

des animaux , ne s'anéantiroient-elles pas à la fin ? p. 197.

R.

RESSEMBLANCE de l'enfant avec fes pere & mere. Comment on peut l'expliquer. p. 190. & *fuiv.*

—— Il arrive quelquefois que l'enfant ne reffemble ni à l'un ni à l'autre , & qu'au lieu de reffembler à fon pere ou à fa mere , il reffemblera à fon ayeul. p. 195.

V.

VARIE'TE's dans le teint & les traits plus multipliées chez les Françoifes que par-tout ailleurs. p. 166.

—— Qui pourroient caractérifer des efpeces nouvelles d'animaux & de plantes , tendent à s'éteindre. p. 198.

Ne

Vers. Il faut ſuppoſer qu'il y en avoit de différentes couleurs dans la ſemence du premier homme, ſi l'on explique la formation des hommes par le ſyſtème des vers.

p. 171.

Z.

Zone Torride. Tous les peuples qui l'habitent ſont noirs. p. 154. 162.

—— Glaciale du côté du nord, habitée par des peuples très-blancs.

164.

F I N,

www.ingramcontent.com/pod-product-compliance
Lightning Source LLC
LaVergne TN
LVHW021429170726
843501LV00005B/1257